「食」の図書館

脂肪の歴史

FATS: A GLOBAL HISTORY

MICHELLE PHILLIPOV
ミシェル・フィリポフ【著】
服部千佳子【訳】

原書房

目次

第2章　脂肪はおいしい　43

第3章　栄養学 対 脂肪　73

［……］は翻訳者による注記である。

序章◉脂肪——さまざまなイメージの複合体

脂肪（fat）は生きていくうえで不可欠のものだ。タンパク質や炭水化物とともに、身体の主要エネルギー源である。だが、脂肪は単なる栄養素というだけではなく、文化的・象徴的な意味合いも持っている。「おしゃべりする（to chew the fat）」「（人に）へつらう（to butter someone up）」「金持ち（fat cat）」「見込み薄（fat chance）」「利害に敏感である（to know which side one's bread is buttered）」「賄賂を使う（to grease one's palms）」「文章を飾り立てる（to lard one's prose）」「虫も殺さぬ顔をする（to look as if butter wouldn't melt in one's mouth）」「争いごとを鎮める（to pour oil on troubled waters）」など、誰もが知っている言い回しやイディオムの中で、脂肪は豊かさ、うまみ、冷淡さ、お世辞、賄賂など、さまざまな意味を表している。

おそらく脂肪は、他の食品と比べても、よりつかみどころのない、多くの意味合いを持つ物質と言えるだろう。こうした意味は、いつの時代も、世界各地の料理において、脂肪が健康におよぼす効果に関する賛否において、食品ビジネスにおいて、あるいは現代の美術、文学、大衆文化における脂肪の表現を通して、議論の的になってきた。脂肪は、ありふれたものであると同時に退廃的ニュアンスを帯び、権力とも貧困とも結びつき、欲望にも死にも関連するものと考えられてきた。

一般的には、「脂肪」と言えばまずは肉体的肥満を思い浮かべるが、本書では体内に蓄積する脂肪ではなく、食用脂肪、すなわち消化される脂肪の使用と意味について考察する。三大栄養素のひとつである脂肪は、地球上の人間が暮らすあらゆる場所で使われ、陸生・海洋動物、種子、果物、ナッツ類などのさまざまな食材の中に、数えきれないほどの形態で存在する。脂肪は「トリグリセリド（トリアシルグリセロール）」と呼ばれる化合物の一種で、グリセロールと3個の脂肪酸が統合してできたものだ。一般にトリグリセリドは、常温で固体のものは脂肪、常温で液体のものは油と区別するが、多くの場合、動物源のものは脂肪、植物源のものは油と呼ばれる（例外として、魚から摂れるものも油と呼ばれる）。

人類は、攪拌《かくはん》（バターの生産など）、精製（鴨肉の脂など）、圧搾《あっさく》（エクストラ・ヴァージン・オリーブオイルなど）、抽出（菜種油など）といった、さまざまな機械的・工業的手法によって油脂をつくり出す。だが、製造方法や形状は異なっても、油も脂も、料理に使用する目的と栄養価はほぼ同じだ。どちらもさまざまな料理に濃厚さと好ましい食感を与えつつ、食品を保護し、油分を補い、満腹感をもたらしている。また、舌の表面に膜を作って味蕾《みらい》に食品の味を留め、味を伝える役割を果たす。それから、水には溶けにくい必須ビタミン（A、D、E、K）や芳香化合物［芳香または悪臭をもつ化学物質。たとえばワインでは、醗酵の副生成物として形成される］を溶かし、体内で合成できない必須脂肪酸を提供する。油脂は重要な栄養源として世界中に存在しているが、料理の楽しみを増すという点からいうと、ぜいたく品でもある。

本書では、ありふれていながら卓越し、陳腐かと思えばさまざまな意味を内包するという、食用油脂の驚くべき正体を探っていく。

第1章◉権力と特権——脂肪の歴史

脂肪はただ食べるためだけの食品ではない。人類の歴史を通して、象徴として活用されてきた。脂肪は文化的、社会的、宗教的、経済的価値の強化や規制に欠かせないものであると同時に、権力、権威、ぜいたくさ、卓越性を象徴し、またこうした属性を付与してきた。

◉高い栄養価

人類は他の霊長類と比べ大きな脳と短い消化管を持ち、その生物学上の理由から、他の霊長類よりはるかに栄養価とエネルギー密度の高い食品を必要とする。1グラムあたり9キロカロリーの脂肪は、1グラムあたりわずか4キロカロリーのタンパク質や炭水化物より、

イヌイット族のアザラシ狩猟者（20世紀初頭）

格段にエネルギー密度が高い。そのため、多くの狩猟採取社会で、脂肪は重要な役割を果たしている。ほとんどの伝統的な食生活において、脂肪はカロリー摂取量の36パーセントから43パーセントを占めているが[1]、脂肪の重要性がさらに高い集団もある。たとえば、伝統的なマサイ族の食生活ではカロリーの約66パーセントを、また、イヌイット族の食生活では最大70パーセントを脂肪から摂取する[2]。

動物性食物源への依存度が高い文化では、脂肪とタンパク質のバランスを適正に保つことが不可欠で、食事に脂肪が不足すると命取りにもなる。食料不足の時期、たとえば温帯地方や北部地域で、狩猟の対象となる動物が痩せほそる晩冬や早春に、人間が脂肪分の少ない肉を過剰に摂取すると、「ウサギ飢餓」と呼ばれるタンパク質中毒に陥る。これは激痛と満たされない空腹に苦しみながら死に至る病気だ。

北アメリカ大陸の原住民と何年も生活をともにしたカナダ人探検家ヴィルヤルマー・ステファンソンは、原住民が極端に脂肪の少ない肉を慎重に避けるようすを観察し、次のように書いている。

ウサギを食べる人々は、ビーバー、ヘラジカ、魚など他の動物から脂肪を摂らないでいると、1週間ほどで下痢を起こし、頭痛、倦怠感、漠然とした不快感に悩まされるようになる。十分な数のウサギがいたら、腹いっぱいウサギを食べるが、いくら食べても空腹感は消えない。人間は何も食べないより、脂肪のない肉を食べつづけたほうが早く死ぬと考える者もいる(3)。

◉権力の象徴

脂肪からは必須栄養素が摂れるので、伝統的社会では、動物の最も脂肪が多い部位が好まれる傾向があった。脂肪の価値の高さと好ましさ、さらにその相対的稀少性も相まって、そうした社会では、脂肪は社会的・文化的地位の重要な指標となった。また、多くの人にとって、脂肪は権力を与えたり弱めたりする役割も果たした。世界の多くの地域に共通する慣習としては、骨髄、脳、それに肝臓など内臓を取り巻く脂肪など、動物の最も脂肪分の多い部位、すなわち最も栄養価が高い部位を取る特権は(男性の)狩人に与えられた。

年間を通して動物性脂肪が不足しているカラハリ砂漠のクンサン族の間では、男性の狩人には、獲物を殺したその場で、わずかしかない骨髄の脂肪や脂肪分の多い内臓を食べることが許されている。タンザニアのハッザ族でも、最初に動物性脂肪を食べる権利は男性にあり、狩りの現場では、同様に骨髄の脂肪が好んで食べられた。コンゴのムブティ・ピグミー族の

生肉を食べるマサイ族の戦士

間では、大型動物の獲物の脂肪分が多い脳は、男性に与えるのが習慣になっている。

女性には独特の食のタブーがあって、脂肪の摂取を阻まれる場合が多い。たとえば、オーストラリア中央部に住むアボリジニのアランダ族の間では、妊娠初期の妊婦はあらゆる肉と脂肪の摂取を禁じられている。北米亜北極地帯に住むアサパスカ族の社会では、思春期の少女は赤身肉と乾燥肉しか食べることを許されていない。ボルネオ島サラワク州に住むペナン族の間では、他の多くの狩猟採集民と比べると、女性も男性と同じように脂肪を食べることができるが、授乳中の女性は脂肪の摂取を禁じられている。実際、脂肪の摂取に関して男女間で差があるのは、多くの伝統的社会において、家父長的社会構造を強化するための方便だったと主張する研究者もいる。[4]

このような文化的価値や（男性の）権力との結びつきが一因となって、脂肪は多くの文化的集団において、冠婚葬祭や儀式で重要な役割を果たしている。ケニアやタンザニアのマサイ族の結婚の儀式では、雄ヒツジから採った油脂を花嫁の頭と衣装にこすりつける。また、マサイ族の未亡人は、息子の成年の儀式の一部として、液体脂を飲む慣習がある。脂肪は下剤として働き、母親の体内から排出されるが、これは母親と息子の関係の不純さを排出することを象徴している。

北米の先住民アルゴンキン族の間では、脂肪は伝統的に、議論の多い「ウィンディゴ精神病」の治療に使われてきた。ウィンディゴとは邪悪な人食いの精霊で、これに取り憑かれた人間は、人肉を食べたいという欲求にさいなまれると信じられた。この病にかかった疑いのある人間には、脂肪分の多い食品、特に熊や鹿の脂が与えられたが、それは治療というよりむしろ一種のテストだった。すなわち、脂肪は非常に重要で好ましいものなので、これを拒絶する者はもはや人間であることをやめたと見なされ、処刑しなければならない。しかし、脂肪を摂取している限りは、まだ回復の見こみはあるということだ。

カナダのブリティッシュコロンビア州の先住民クワキウトル族の間では、ポトラッチという大がかりな儀式において、脂肪は主要な贈り物として使われた。ポトラッチとは、誕生、結婚、成年といった人生の大きなイベントを祝うために行なわれる祭りの儀式で、祝宴が数日間続けられる。そして、主人の権力と地位を示すものとして、招待客に厖大な量の贈り物が与えられるのだ。招待客が満腹し、山のように盛られたアザラシの脂身やユーラコン（ニシン目キュウリウオ科の魚）の油をもう一口も食べられなくなったら、残った料理はあり余っていることを誇示するために、火の中へ投入して燃やした。こうしたご馳走は、クワキウトル族の有力者たちの中でも、自分が抜きんでていることを示すためのもので、招待客に引け目を感じさせることによって、自分の地位の序列を上げるのだ。

◉古代の脂肪

ポトラッチのような祝宴を社会的地位と権力の強化に使うのは、クワキウトル族だけではない。古代オリエントのパレスチナからシリア、メソポタミアにおよぶ肥沃な三日月地帯では、豪華な饗宴が社会的序列を決める手段として使われた。饗宴のご馳走では、肉類、特に脂肪分の多い肉は豊かさと権力の象徴だった。

たとえば、メソポタミアの王家の饗宴では、脂肪分の多い料理が食べきれないほど並べられた。アッシリアの王アッシュールナツィルパル2世は、紀元前879年に宮殿が完成したとき、6万9574人の招待客のために10日間の祝宴を開いたが、それには太った雄牛1000頭、1万4000頭のヒツジ、1000頭の子ヒツジ、数百頭の鹿、2万羽の鳩、1万匹の魚、1万匹のネズミ、1万個の卵が使われた。(5)

青銅器時代のギリシャでは、豪華な祝宴は上級権力者を承認する重要な手立てだった。高い地位にある者にとって、丸々と太った家畜を提供することは義務であり、低い身分の者は、権力者の覚えをめでたくする手段として、できる限りの貢ぎ物をした。こうして饗宴の間、途方もない量の肉と脂肪が消費された。しかしながら、脂身以外に動物性脂肪が摂れるもうひとつの美味な部位である骨髄は、神に捧げる儀式の一部として燃やされた。

饗宴の場面が描かれた古代シュメール文明の「ウルのスタンダード」。紀元前2600年頃。

ロベルト・ボンピアーニ『ローマの饗宴』19世紀後半頃

古代ローマ帝国においても饗宴は重要な広報活動で、ソーセージやツグミを詰めた豚の丸焼き、アヒルの舌といった脂肪分の多い豪華な料理が並べられ、皇帝の富と権力の象徴としての役割を果たした。

こうした饗宴の過剰な豪華さは、ガイウス・ペトロニウスが皇帝ネロの治世期（1世紀）に著した小説『サテュリコン』で風刺の対象となった。最も重要なシーンのひとつ、「トルマキオの饗宴」の章では、「実物」そのものではない料理、すなわち別の動物や食品に見立てた料理が、次から次へとふるまわれる。豚の内臓に見えるように、内部に脂っこいソーセージやブラッドプディング（牛や豚の血が入った腸詰め）を詰めこんだ豚の丸焼きから、ラードを鳩の姿に固めたものまで、饗宴は野卑で胸が悪くなるような料理が供された。

風刺小説として書かれているが、『サテュリコン』は当時の饗宴のようすを誇張して描いただけではなかった。肉や脂肪が一般市民には手の届かないものだった時代、こうしたぜいたくな食材を楽しむ饗宴は、強い権力を象徴する重要な意味を持っていたのだ。

動物性脂肪だけでなく、オリーブオイルもまた君主の権力を示す重要な道具だった。遅くとも紀元前4000年には、オリーブはシリアとパレスチナの住民によって初めて栽培され、古代世界の経済の基盤を築いた。オリーブオイルは輸出貿易の中核を担い、黒海に面したギリシャの交易所は、遠くはロシア南部のステップ（大草原地帯）からやってくる商人たちの

古代ギリシャでオリーブオイルを保存するのに使われた、「ピトイ」と呼ばれる大きな甕（かめ）。これらの巨大な甕は、紀元前1900年頃にクレタ島に建設された、クノッソス宮殿で発見された。

重要な拠点となった。クレタ島のクノッソスではオリーブオイルは王の秘蔵品であり、オリーブオイルの輸出は王の主要な収入源だった。古代ローマ帝国では、一定以上の面積でオリーブを栽培している臣民は兵役を免除されたほどだ。

当時、オリーブオイルはきわめて貴重であり、伝統的なギリシャ人やローマ人にとって、バターは野蛮人の食べ物だった。ただしメソポタミアでは——遅くとも紀元前2500年には——シュメール人の寺院のフリーズ（壁の帯状装飾）に描かれるほど、バターは文化的に重要なものと考えられていた。

◉中世の脂肪

中世の西ヨーロッパでは、封建制度、厳しい気候、絶え間ない戦争のために、食料の確保が重要な課題だったが、金持ちと権力者には豪華な宴会を開かなければならない事情があった。中世の封建領主は、饗宴を開くことで招待客の忠誠心と同調をつなぎとめていたのである。野生の鳥獣より格段に脂肪分の多い家畜（牛、豚、ヒツジ、ヤギ）は、饗宴の食材として最も人気が高かった。

食卓に並ぶ料理の豪華さは、主人の富と権力を表した。たとえば1420年のフランス宮廷における饗宴では、100頭の太った雄牛、130頭のヒツジ、120頭の豚、200頭の子豚、60頭の太った豚（ラードをとるため）、200頭の子ヤギと子ヒツジ、100頭の子牛、2000羽の鶏、6000個の卵、1600キロの小麦粉とチーズが連日消費された。(6) 貴族が王族をもてなす場合は、ご馳走に使われる食材の費用と豪華さで忠誠心を示した。

歴史家のピエール・ジャン・バティスト・ルグラン・ドゥオーシィ（1737〜1800）は、1455年にアンジュ伯が催した当時の典型的な饗宴の場面を描いているが、そこにはふたつの巨大なパイが載ったテーブルの飾りつけも含まれている。

この巨大なパイは、小さめのパイをいくつか上に重ねて、王冠の形にしつらえてある。大きなパイの皮の表面はすべて銀色に、てっぺんは金色に塗られ、ひとつのパイの中にノロジカが一匹丸ごと、ガチョウの雛1羽、去勢して太らせた雄鶏3羽、鶏6羽、鳩10羽、若ウサギ1匹が入っており、全体にサフランを振りかけ、クローブ（丁子《ちょうじ》）で香りづけがしてある。そして、おそらく薬味か詰め物として供されたと思われるが、ミンチにした子牛の腰肉1頭分、2ポンド（約900グラム）の脂肪、固ゆで卵26個が添えられていた。(7)

脂肪は上流階級の支配の道具として使われたが、それは豪華な饗宴だけではなく、領土の農民から取り上げる年貢にも見られた。寒冷な気候の土地では、動物の脂肪が年貢として納められた。

フランク王国の国王カール大帝（在位768〜814年）は、領土管理と生産性に関する王家の便覧『王領勅令（Capitulare de Villis）』の中で、羊脂《ようし》と牛脂《ぎゅうし》の生産と徴収について取り決めている。バイエルン公国では、農民が納める年貢の中にバターと豚脂が含まれていた。7世紀にはサクソンの王アイナも、地代としてバターや動物の脂を徴収していた。牛乳の産出量は今日よりはるかに少なかったので、バターの生産には特に多大な費用がかかった。1キロのバターを作るには、9〜35リットルの牛乳が必要だった(8)。

このように、地代を食物で納めることにより、飢饉という最悪の事態に対して領地を守るための食物の備蓄が可能になったが、農民は重い負担を強いられ、十分な食物脂肪を摂取することができず、栄養不足に苦しんだ。

●料理法の変化

歴史的に、社会的地位の差は、主にどれほど多量の食物を摂取、あるいは誇示できるかによって示されてきた。だが、17世紀までには、次第に料理法のほうが食物の量より重要になってきた。西ヨーロッパでは、酢やベル果汁（未熟なブドウの果汁）で作る酸味のあるソースが主流だったが、次第にバターや脂肪をベースにしたソースが取って代わり、貴族階級の料理のぜいたくさと豊かさの象徴になっていった。

17世紀イタリアのフィレンツェでの饗宴では、それ以前に見られたように、富と権力を誇示するために厖大な量の料理が並べられたが、供された料理の多くは、当時人気が高まってきたバターベースの洗練された料理法を強調するものだった。1661年、コジモ3世・ド・メディチとマルゲリータ・ルイーザ・ドルレアンの不本意な結婚を祝賀する饗宴は、7回も料理が出るアフタヌーン・ティーが特徴的だった。1回目だけでも35種類の料理が並び、その多くは脂肪とバターを多く使った、こってりした料理で、その中にはカピロタータ（ローストしたチキンと、ラードを縫ってローストした去勢鶏が、ローストした子牛の胸腺とともに供される料理）、モルタデッラ・ソーセージ、塩を振ってフライにした豚の頬肉、それに砂糖漬けのシトロン、ピスタチオ、マジパン、ハム、ローストした去勢鶏の胸肉、ローストした子牛の胸腺、アグレスタ（ベル果汁用のブドウ）、当時は貴重品だった砂糖、シナモンを詰めたサクサクのパイなどがあった。花嫁を象徴する前脚を上げたライオンに形づくられたバターの皿も、ご馳走の一部だったという。(9)

◉オート・キュイジーヌ

このような、これ見よがしの富の誇示は、メディチ家をはじめとする当時の名家の祝宴では当たり前に行なわれていた。だが、17世紀から18世紀初頭にかけて、社会的な成功や権力の大きさは、だんだんと過剰さよりも上品な繊細さで示されるようになった。1789〜99年のフランス革命は、フランスのレストラン業界の発展に拍車をかけ、それに伴いオート・キュイジーヌ［宮廷料理から発展した高級フランス料理］が登場した。貴族階級の厨房に雇われていた料理人が職を失い、新しい仕事を求めたのだ。

彼らの多くはレストランを開業し、この時代は「シェフの帝王」と呼ばれたマリー・アントワーヌ（アントナン）・カレームをはじめ、料理の大家を数多く輩出した。カレームはラード、砂糖、マジパンを使って精巧で美しい彫刻のような料理をつくり出し、後にオーギュスト・エスコフィエがソース料理、（そしてソース作り専門の料理人〈ソーシエ〉）の地位を、特別な専門職にまで高めた。エスコフィエはカレームの技法を踏襲したが、フランス料理の多様で複雑なソースを、ベシャメル、エスパニョール、ヴルーテ、オランデーズ、トマトの主要な5種類に体系化した。これら5種類のソースは、それぞれバターを主要な材料とし、バターベースのソースの地位を、オート・キュイジーヌの持ち味として確固たるものにした。

マリー・アントワーヌ（アントナン）・カレームの焼き菓子装飾のデザイン。『パリの宮廷菓子職人 *Le Patissier royal Parisien*』（1854年）より

レストラン業の発展により特権階級の食べ物が広く普及しはじめ、オート・キュイジーヌは貴族階級だけでなく、金銭的余裕のある人なら誰でも手が届くものになった。その結果、特に19世紀の中産階級にとって、レストランは社会的地位を確認するための重要な場となった。フランス料理は、国際的にも優れた料理の代名詞となり、シェフの「伝統的な」修業といえば、現在でも「フランスの」料理法と考えられている。

おそらく、バターは他のどの食材にも増して、伝統的なフランス料理の重要なシンボルとなった。カレームとエスコフィエの影響は、ジョエル・ロブションをはじめとする現代のシェフにも明らかに見てとれる。１９７６年にフランスの国家最優秀職人章を授与され、１９８９年にはレストランガイド『ゴー・ミヨー』の「世紀のシェフ」に選ばれたロブションは、マッシュポテトをぜいたくな料理として世に広めた。彼の「ジャガイモのピュレ」は、バターをふんだんに使うことで知られている。

◉美食のパラダイス

昔から脂肪は良好な栄養状態、豊かさ、富と結びつけられてきたために、さまざまな民間伝承や宗教的伝統において、ユートピアやパラダイスの重要なシンボルとなってきた。中世ヨーロッパでは、食べ物が空から降ってきたり、木に焼き菓子が実ったり、ローストされた動物が歩きまわって、飢えた住民に自分の肉を与えたりする不思議な場所の話がいくつも存在した。こうした美食のパラダイスは、芸術的、文学的伝承や口伝においてコケイン（逸楽の国）と呼ばれているが、二度と飢えることはないという豊かさのイメージを与えることで、貧しい小作人の夢をかなえたのだ。

スカンジナビアのコケイン神話には、サワークリームが流れる川が出てくる。フランスの話には、肉で作られた家やバターでできた木が登場する。ドイツには、ヤギが脂肪と塩を積んだ荷車を引き、木にホットケーキが実る話がある。

もっと最近のコケイン神話としては、アフリカ系アメリカ人の民話がある。こうした民話には、疲れた旅人のための美食のユートピアとして、「ディイディィ・ワ・ディイディィ」という架空の場所が登場する。この国では旅人が腰を下ろして休むと、ナイフとフォークを体の両側に差しこんだベイクドチキンがやってきて、自分を食べてくれと申し出る。また、食べたはしから補充されるスイートポテトパイもある。

ディイディィ・ワ・ディイディィと同じような場所は、『ビッグ・ロック・キャンディ・マウンテン』の歌や、ブレア・ラビット［邦訳では「ウサギどん」］の話を映画化したディズニー映画『南部の唄』（１９４６年）など、さまざまな媒体に登場する。『南部の唄』では、ベークドハム、

ピーテル・ブリューゲル（父）『怠け者の天国』（1567年）

チキングレイビーの川、禁断のポークチョップの木がある「食べ物の園《イーティング》」が登場する。コケイン神話が出てくるそれ以外の話でも、やはり肉と動物の脂肪が強調されている。

これらは貧しい人々の食卓にはほとんど登場することなく、その稀少性のために金持ちと権力者に結びつくだけでなく、人々の渇望の対象でもあった。コケインの国では、脂肪分の多い食べ物を食べたいだけ食べることができるため、そこは喜び、満足、祝福の国だった。いずれは消える一時的な饗宴ではなく、苦難から解放される永遠の楽園だったのだ。

◉宗教との関係

このような、食べ物が無尽蔵にある喜びと安心に対する願望は、さまざまな宗教的伝統における来世の概念にも反映されている。北欧神話の最高神オーディンが戦死した勇士を饗応する大広間ヴァルハラから、イスラムの天国ジャンナまで、肉と脂肪は尽きることのないご馳走の中心的存在だった。

旧約聖書では、脂肪は最高神エホバ（ヤハウェ）の好物であり、『レビ記』3章14～16節では、神殿でヤギの脂肪を燃やして、エホバに捧げることを求めている。『イザヤ書』34章6～7節では、生贄の行為は脂肪を滴《しただ》らすことで土地を豊かにし、主は選ばれた民に肥沃な土地を与えると書かれている。実際、聖書に「乳と蜜が流れる場所《ハラブ》」とあるが、これはヘブライ語の翻訳にある「脂肪と蜜の流れる場所《ヘレブー》」のほうが正しいという説もある。(10)

脂肪は宗教上重要なものなので、ユダヤ教の祝祭ではよく脂肪分の多い料理が食されるのを目にする。中世以来、エジプト系ユダヤ人が最も好んだ祝祭用の料理は、脂尾羊《しびよう》［尾に多くの脂肪を蓄える羊］の脂肪分の多い尾を使ったものだった。フランス北部では、牛の骨髄がご馳走とされる。

東欧のアシュケナージ系ユダヤ人［東欧諸国に居住していた祖先をもつユダヤ人］にとって、シュマルツ（ガチョウや鶏の脂肪を融かして精製した食用油）は、宴会料理のための特別な食材だった。寒冷な気候の土地では、シュマルツはコーシャ（ユダヤ教の戒律に従った食品）の順守に欠かせない食品だった。ひとつの料理の中に肉と乳製品が混在することを禁じる規定や、油脂といえばバターかラードが一般的な地域で、コーシャに認定されていない動物から作った食品の摂取を禁じる規定に従うことができるからだ。

昔からシュマルツは、さまざまな祝祭用のパンや焼き菓子に使われてきた。また、ハヌカ（紀元前1世紀のエルサレム奪還の際、1日分しかない儀式用の油が8日間燃えつづけたという奇跡を記念して揚げ物を食べる祝祭）の間、ラートカ（ジャガイモを使ったユダヤのパンケーキ）を焼くのにも使われる。だが、脂肪が持つ霊的な意味のために、宗教的な食のタ

ドイツのシュマルツ、パンに塗ったところ。

ブーの対象にもなっている。カシュルート（ユダヤ教の食事規定）はいくつかの脂肪の摂取を禁じている。ケレブ（腎臓のまわりの脂肪）は食べてはいけない。この脂肪は、コーバン（儀式で食べ物を燃やしたり、神に捧げたりすること）のために確保しておくのだ。

◉キリスト教と脂肪

キリスト教の伝統では、四旬節の節食期間中は、贖罪の意味でぜいたくな食事を慎むので、信心深い共同体では脂肪の摂取を注意深く規制する。四旬節とは、復活祭［イエスが死語3日目に復活したことを記念する祭日。春分後最初の満月の次の日曜日］前の約6週間の期間を指し、その間はバターや動物性脂肪を含む食品の摂取が制限される。四旬節直前の火曜日を「脂肪の火曜日」あるいは「告解の火曜日」と呼び、食料貯蔵庫の脂肪を食べつくす日とされる。

プロテスタントの伝統では、四旬節の間食べられない脂肪を消費する手段として、この日はパンケーキを食べる。カトリックの伝統では、脂肪の火曜日はマルディ・グラの祭りとして祝われ、中でも有名なのがリオ・デ・ジャネイロのカーニバルだ。この日は脂肪分の多いこってりしたご馳走を食べる習慣があり、ブラジルではアカラジェ（ヤシ油で揚げた黒目豆の揚げ物）や、フェジョアーダ（黒インゲン豆、牛肉、豚肉、ラードを煮こんだ、こってり

キューバのサンティアゴ・デ・クーバのカーニバルの食べ物

したシチュー）を食べる。

遅くとも中世以降、裕福なキリスト教徒は、四旬節の節食という宗教的義務を回避するために、教会から特免状を買うのが通例になっていた。フランスのルーアン大聖堂の塔のひとつは１５０６年に再建されたものだが、「バターの塔」と呼ばれている。伝えられるところによると、四旬節にバターを食べる許可をもらった裕福な人々がお返しにした寄付を、この塔の建設資金に当てたからだという。特免状を買ったりしない敬虔なキリスト教徒は、節食開けには豪華な食事を楽しんだらしい。

ルネサンス期のフランスでは、聖マルタン祭のご馳走にかなりの量のガチョウの脂肪が使われた。当時は高いところにいる動物の肉は風味がよいと信じられていた。そのため鳥、中でもガチョウは特に珍重された。聖マルタン祭の祝宴の一般的な鳥料理のメニューには、脂肪を使って調理されたツグミ、クロウタドリ、ナイチンゲール、スズメ、ホオジロ、フィンチ、ウズラ、ズアオホオジロ、ヤマシギなどがあった。

キリスト教の象徴的特性において、脂肪はきわめて重要な存在だったので、カトリックにはバターの守護聖人さえ存在する。13世紀のドイツ人苦行者ハセカは、施された食べ物で命をつないでいたが、施し物の腐ったバターが彼女の祈りに応えて新鮮なバターに変わったことで教会から聖人に列せられた。アイルランドの聖ブリギッドもバターに関する奇跡を経験

クロード・モネ『ルーアン大聖堂、西ファサード、陽光』（1892年）

した。あるときひとりの老女が戸口にやってきて食べ物を乞うたが、ブリギッドには与える食べ物がなかった。ところが、唯一手元にあったわずかなバターが奇跡的に増え、困窮した老女にささやかな施し物ができたのだった。

宗教的図像学では、脂肪の役割として、より広範囲な歴史における脂肪、特にバターの象徴的意味が取り上げられている。バターはさまざまな宗教で多産、繁栄、浄罪《じょうざい》を象徴するとされている。中世イングランドの婚礼では、多産を確実にするために、新婚夫婦に壺《つぼ》に入れたバターを贈る習慣があった。フランスのブルターニュでは、結婚の祝宴で彫刻や装飾をほどこしたバターのかたまりがいくつも飾られた。祝宴が終わるとこれらのバターは競売にかけられ、その売上金は新婚夫婦に贈られた。

一方、脂肪より油を好む地域の住人は、昔からバターに疑惑の目を向けてきた。中世ヨーロッパのプロバンス人やカタロニア人の旅人の文献を読むと、その多くは、バターを食べるとハンセン病にかかりやすくなると信じて、オリーブオイルを携えて旅に出かけていたことがわかる。

◉アジアの宗教と脂肪

ヨーロッパと同様、南アジアでも脂肪は宗教的儀式において、重要な地位を占めている。インドのヴェーダ祭式では、多くの場合、スパイスを加えた澄まし油の一種ギーが、聖なるエネルギーの源として、そして天地創造の再現として火に投げこまれる。そのいわれはというと、ヒンドゥー教では、創造神プラジャーパティが両手をこすりあわせて（つまり攪拌して）生じさせたバターを火に流しこんで子孫をつくったという故事だ。そのため、ギーは子孫繁栄と男性の生殖力の象徴とされている。

伝統的なヒンドゥー教の結婚式では、男性の招待客は宴会の席で、生殖力の「証明」として、誰が最も多くギーを食べるかを競う。これから女性に結婚を申しこもうとする男性に、ギーに蜂蜜、砂糖、ハーブを加えた醱酵飲料マドゥパルカが提供される風習もある。ギーは聖なる牛の乳から作られるので、高いカーストに属する人々に宗教的救済を与えるものとして使われてきた。ギーで調理した食品は浄化されたと見なされるので、複雑な食の規制やタブーに従うバラモン（司祭）階級の人々も食することができる。ギーはまた、寺院で祭事の際に配るパンや菓子の材料としても使われる。

ネパールのシェルパ族にとって、バターは神の加護を願う供物として使われ、高さ数セン

プラジャーパティの姿でのブラフマー（梵天）の浮き彫り、インド、政府美術館

チから1メートル近くまで、色とりどりのトルマ（バターと麦粉の生地で作る供物）が神に供えられる。さらに、ギークと呼ばれる別のトルマが、悪魔への食べ物として寺院から外へ放り出される。一時的に悪霊の腹を満たして、他の供え物を食べられないようにするためだ。チベットでは、バターは寺院の仏像に塗りつけたり、女神像など仏教のシンボルである精巧な彫像を作ったりするのに使われる。1951年の中国によるチベット併合以前は、ラマ僧が死亡すると、伝統的な葬礼の慣習にのっとって、ギーを使って防腐保存した。

世界中の多くの文明にとって、脂肪はなくてはならないものであると同時に、象徴的な意味においても重要な役割を担ってきた。その結果、これらの食品の規制、流通、消費に関して、きわめて一貫性のある宗教的・社会的システムが出現した。その意義は、世界中に存在する脂肪の料理、あるいは脂肪を使った料理のさまざまな形や方法に現れている。

チベットの聖人ミラレパ（1052〜1135：生没年は諸説あり）のバター彫刻

第2章◉脂肪はおいしい

大昔から、脂肪は文化的、宗教的、経済的な営みの場で使われてきたが、その独特の化学的特性のために、それ以外にもさまざまな用途に利用された。食品を保存・保護し、特徴のある食感や風味を生み出し、限られた空間、燃料、材料を最大限に活用するために、世界中で使われてきた。脂肪は象徴的な意味で重要なだけではなく、きわめて利用価値の高い食品でもあるのだ。

◉防腐剤としての脂肪

脂肪の最古の利用法のひとつに、防腐剤としての用途がある。イギリスの瓶詰め肉やフラ

鴨のコンフィ。あとは焼けば完成。

ンドル地方のポチュヴレシュ（子牛肉、鶏肉などの肉類とタマネギやローリエなどを豚の背脂を塗った容器に入れ、オーブンで煮込んだ料理）から、フランスのパテ、テリーヌ、リエット（みじん切りにした豚肉をラードの中で加熱し、ペースト状にしたもの）まで、家庭では熱を通さない脂肪の性質を利用して、みじん切りやミンチにした肉を保存した。肉を加熱すると温かい液体状の脂肪の層で覆われるが、その層は冷えるにつれて固まり、肉を密封する。このような脂肪を使った保存法は、冬季の数か月間、腐りやすい食品の保存可能期間を延ばすために数世紀にわたって使われてきた。

今日では、こうした昔ながらのシンプルな料理がグルメと見なされるようになった。鴨のコンフィは今や世界中のフランス料理店の定番メニューだが、元々は固くて切れない家禽類の肉をやわらかくし、長期間保存するために編みだされた調理法だった。コンフィを作るには、ガチョウ、鴨などの野生の狩猟鳥類のもも肉を、それ自体の脂肪に浸して2、3時間弱火でコトコト煮る。すると、ジューシーでやわらかい肉になり、グリルで直火焼きにするか、平鍋に油を引いて焼くと、表面の皮にこんがり焦げ目がついてパリパリになる。脂肪は冷えると固まり、肉を空気中の細菌から保護する。必要な分の肉を脂肪から取り出して使い、残りはそのまま保存しておける。

肉のコンフィはフランスの多くの郷土料理の中でも花形メニューだが、その中でも名高いのは、豊かな農業地帯ラングドック地方の名物料理カスレ（白インゲンマメ、ソーセージ、脂肪分の多い豚の皮や豚バラ肉を、カソールと呼ばれる土鍋でじっくり煮込んだ料理）だろう。

それ以外の南ヨーロッパと地中海沿岸地方では、季節の野菜、オリーブ、チーズ、魚、ハーブなどを保存する油脂として、オリーブオイルが好んで使われている。肉を覆って保存する場合、液体油も固形脂肪と同様の役割を果たす。乾燥させたり酢漬けや塩漬けにした食材をオリーブオイルで覆うと密封状態になり、酸化やカビの繁殖が防げるのだ。

地中海沿岸地方に見られる季節のハーブを使ったソース――ペスト（バジルソース）、ピストウ（ニンニク、バジル、チーズが入ったソース）、サルサ・ヴェルデ（パセリを使ったグリーンソース）――の多くは、夏の短い期間に収穫した大量のハーブを保存するため、オ

オリーブオイルに漬けて保存した野菜

イルに浸して貯蔵される。実際、ヨーロッパ各地の有名な前菜——スペインのタパス、イタリアのアンティパスト、ギリシャや中東のメゼで出されるオリーブのオイル漬け、チーズ、トマト、パプリカ——の多くは、元々は季節はずれの食材を、1年を通して楽しむ手段として開発されたものだ。

機械式冷蔵装置が登場する前は、バターをはじめとする腐りやすい脂肪は寒冷な地域でのみ摂取されていたにすぎず、地中海沿岸、中東、アフリカ、東南アジアなど温暖な地域の料理には、もっぱらオリーブオイル、ゴマ油、アルガンオイル、ピーナッツオイル、パーム油といった果実油や種油が使われてきた。

ただし、腐りやすい脂肪が気温の高い地

域でも伝統的に使われる場合がある。他の食材の保存料として使われる場合と、脂肪そのものを保存食とする場合である。脂肪が腐るのを防ぐ必要から、スメン（アラブや北アフリカの料理に使われる、長期間醱酵させたバター）などのめずらしい食品が生まれた。スメンはヒツジやヤギの乳から作った澄ましバターを塩やハーブとこね合わせ、陶器や炻器《せっき》［陶器と磁器の中間的な性質を持つ焼き物］のかめに入れて地中で醱酵させて作られる。そして、こうした器の中で数か月あるいは数年間熟成させるのだ。

　鼻を突くような強い香りがするこの調味料は、クスクスやタジンの風味づけに使われる。熟成が進んでいないチーズによく似た風味があり、珍味であるとともに富の象徴と見なされている。モロッコのいくつかの地域では、熟成したスメンは結婚式の祝宴の特別なご馳走となり、伝統的に花嫁の家族から供される。

　他にも、脂肪が料理に使われる理由に、壊れやすい食材を調理中の高熱から保護することが挙げられる。ヨーロッパ全土では昔から、脂肪分がきわめて少ない肉に対して、細い糸状にしたラードを針の穴に通し、それで縫ってから調理した。すると、調理中に脂肪が肉の中に溶け出し、ジューシーさと風味を増すのだ。

　同じように、肉の表面を細いひものような脂肪で覆う「バーディング」と呼ばれる方法もある。この場合、一般にラードやベーコンが用いられるが、それ以外に網脂《あみあぶら》が使われることもある。網脂は動物の内臓のまわりについている網状の脂肪で、オーブンで焼くときに肉やソーセージを包むのに使う。イギリスの伝統料理ファゴット、フランス料理のクレピネット、イタリア料理のファガテッリなどに使われ、調理している間に、脂肪はすべて料理の中に溶けでてしまう。

一方、脂肪の耐久性が好まれる料理もある。つまり、「溶けてなくなる」のではなく、固体のままとどまり、水に溶けない性質だ。たとえば、サンドイッチを作るときにパンにバターを塗るのは、乾いたパンと水気を含む中味の具との間に保護層を作るためだ。

デンマークとスカンジナビア半島で食べられているスモーブロー（Smorrebrod）というオープンサンド（スウェーデンでは「スモーガス Smörgås」、ノルウェーでは「スモーブローSmorbrod」）を作る際は、まず土台になるパンにたっぷりバターを塗ることから始める。それから、さまざまなトッピングを載せる。昔ながらのニシンの酢漬けを載せたものが一般的だが、パンにレバーペーストを塗り、塩漬け牛肉とタマネギを載せた「医師の夜食」と呼ばれるものも人気だ。最近では、さまざまなサラダ、卵、チーズ、コールドカット（ソーセージやミートローフなどの冷製の調理済み肉を薄くスライスしたもの）を載せるものもある。

スモーブローが最初に広まったのは、労働者が工場へ働きに行くようになった19世紀のことで、温かい昼食をとりに家に帰ることができない労働者が、容器に入ったランチを仕事場

デンマークのスモーブロー。スプラット（ニシン類の小魚）、卵、キュウリをトッピング。

へ持っていったことから始まった。こうした状況に、持ち運びしやすいオープンサンドはもってこいだった。具の汁気でパンがふやけるのを、バターの厚い層が防いだからだ。

●重労働を支える「故郷の味」

労働者の食事は、長時間にわたる肉体的重労働を持ちこたえることを目的として作られるが、スモーブローは、脂肪がその調理に欠かせない例のひとつだ。脂肪は高カロリーで腹もちがよいので、エネルギーを長持ちさせる必要がある状況には不可欠な食品なのだ。このため、脂肪は伝統的な農民の食事の多くで中心的役割を果たしている。

ノルウェーの伝統的な朝食は、脂っこい魚、塩漬け肉、チーズ、ゆで卵、それにボウル1杯の加糖サワークリームという脂肪分の多い組み合わせだが、それは長時間労働に耐えることを意図したものだった。

ギリシャで広く食べられている「油漬け」の料理ラデラは、トマトとハーブを入れたたっぷりのオリーブオイルの中で野菜をじっくり煮込んだものだが、最初は宗教的断食の一環として生まれた。脂肪分の多い油が、肉類と動物性脂肪の摂取が禁じられた期間に、農場労働者と肉体労働者の体力維持に役立ったのだ。

世界で最も脂肪分の多い料理のいくつかは、元々は狩人や農民をはじめとする労働者たちに欠かせない栄養を与えるために生まれたものだ。今では世界の多くの地域で都会的な食習慣とは合わないと考えられるようになったが、その地域、あるいはその国の名物料理として見直され、売り出されている伝統料理も数多くある。

今日では、こうした料理は必ずしも重労働のエネルギー源として食されているわけではなく、故郷の味を懐かしむ外国在住者や、本場の味を求めるグルメ志向の旅行者が賞味する料理になっている。たとえば、バイエルン地方のイェガーシュニッツェルは、早朝から狩りにでかける猟師が前の晩に食べる、典型的な伝統料理だった（「イェーガー」は「猟師」という意味）。小さく切って油で炒めた肉、クリーミーなマッシュルームソース、それにケーゼシュペッツェレ（チーズ入りの手でちぎったパスタ）で作る、この満腹感のある料理は、今やドイツ、オーストリア、スイスのレストランやビアホールで広く旅行者や地元民に供されている。

ヨーロッパや中東では、かつて安っぽくて「低級」だと考えられていたボリュームのある田舎料理が、今では郷土料理としてもてはやされている。ハンガリーには、脂肪分の多い肉で作っていたポルコルトという伝統料理がある。タマネギとパプリカで風味を出した、牛飼いたちが食べた安価な煮込み料理だ。ポルコルトは、グーラッシュ（牛肉、タマネギ、パプリカを入れたシチュー）やチキンパプリカ（鶏肉をパプリカで味付けしたシチュー）とともに、今では最も有名なハンガリーの煮込み料理だ。ポーランドでは、元々は猟師用の料理だったビゴス（数種類の肉とソーセージ、ザワークラウトを煮込んだこってりした栄養価の高いシチュー）が、今日では新年の祝宴で供されている。

ペルシャ料理ディズィーでは、主役は子ヒツジの脂肪だ。これは豆、ラム肉、ジャガイモ、それに角切りにした脂肪を煮込んだ高カロリーのシチューで、元々は労働者が食べる料理だったが、今では喫茶店のランチで出される。多くの伝統料理がそうであるように、特に世界各国に移住したペルシャ人を中心に再び人気が出て、彼らは最近レストランのメニューに載っているディズィーの主要な顧客である。

近年人気を失っていた郷土料理の中に、人気と名声を取り戻しているものがある。イタリア料理のラルド――「ホワイト・プロシュット（白い生ハム）」とも呼ばれる――もそのひとつで、この場合はスローフード運動によって再び脚光を浴びた。ラルドは豚肉の背脂を塩、ハーブ、スパイスとともに大理石の浴槽のような容器の中で保存したもので、昔は15時間におよぶ大理石採掘の重労働に耐えるための効率のよいエネルギー源を必要とする採石場の労働者が、パン、トマト、タマネギと一緒に食べていた。古代ローマ時代から作られていたが、現代イタリアの労働や食事の慣習が変化したために、ラルドおよびラルドの製法は消滅の危

ラルド・ディ・コロンナータの保存に使う浴槽のような大理石の容器。

機に瀕していた。

ところが2004年、ラルドがスローフード協会の「味の箱舟」にリストアップされ、IGP（保護地域指定表示）に認定されたことで、この食品に対する国際的な関心が呼び起こされた。ラルド市場は今や上げ潮に乗り、毎年行なわれるフェスティバルには、世界各国からトスカーナ地方コロンナータ村へ観光客が押し寄せている。

東ヨーロッパにも、ラルドに似たサーロという食品があり、同じように農民の食べ物から、代表的な郷土料理へと変化をとげた。ウクライナをはじめ東欧の国々では、サーロはクリスマスや復活祭のご馳走から取りのけた、豚の脂身を使って作られた。大部分の農民にとって、肉類が食卓に出るのは1年のうちこの期間だけだった。高カロリーのサーロは、1日の野外労働のエネルギー源として、黒パン、生のタマネギ、ニンニク、ピクルスと一緒に食された。しかし今日では、サーロはウクライナの食文化の重要な役割を担うようになり、ルーツィクやポルタバではサーロのフェスティバルが開かれ、観光客を引き寄せている。

また、ウクライナ西部の街リヴィウには、サーロで作った彫刻を展示したミュージアム・カフェや、サーロとアイスクリーム、フルーツを盛りつけたデザートなど、サーロ料理を出すレストランもある。

リヴィウのミュージアム・カフェには、さまざまな形のウクライナの珍味サーロが展示してある。

◉独特の食感

生命維持に必要な栄養を供給するのに加えて、脂肪は料理に独特の食感を与えて楽しませてくれる。また、その独特の化学的性質のために、パンや菓子を焼くのにも欠かせず、好ましいパリッとした歯ざわりが得られる。

スコットランドのショートブレッドやドイツのプフェッファーヌッセから、スウェーデンのサンドバクルサー、ノルウェーのゴロまで、バター入りのビスケットは、バターの「ショートニング（さっくりさせる）［この場合は語源 short の意味「さっくりした」だが、多くの場合「ショートニング」と言えば「植物・動物油脂を原料とした、工業的に生産される常温で固形の油脂」を意味する］」という性質によって、サクサクした食感が得られるためだ。これは、常温で固体である脂肪が、小麦粉に含まれるグルテンの生成を抑制し、ビスケット生地にサクサクした食感をもたらすのだ。

活性化したグルテンのはたらきにより、コシが強くてよく伸びるパン生地と違い、脂肪分を加えたビスケット生地は、焼き上がるとよりサクっとした繊細な製品になる。生地をサクサクにする脂肪の性質は、デンマークの甘いペストリー、ヴィナーボズ（デニッシュ）や、フランスのクロワッサン、パン・オ・ショコラ、ミルフィーユなど、薄い皮が何層にも重なっ

バターはショートブレッドなどのビスケットを「さっくり」させる。

バター入りのサクサクしたペストリー生地でタルトを作る。

たペストリーを作るのに欠かせない。

こうした独特の食感は、「パフ（パイ状の）」ペストリー生地を作ることで得られる。バターと生地を重ね（バターと生地の比率を1対1にしたものが多い）、それを何度も丸めては伸ばす。本格的なパイ生地になると、729もの層でできているという。ペストリーのフワフワ、サクサクした性質は、焼いている間にバターに含まれる水分が蒸気となって蒸発した結果で、それがペストリーの皮をパリッとさせ、ひとつひとつの層に分離させるのだ。

フランスやデンマークの軽くてサクサクしたペストリーがバターの代名詞なら、イギリス諸島のボリュームのある伝統的なペストリーは、ラードを使用することで知られている。

中でも有名なのがコーニッシュ・パスティで、コーンウォールのスズや銅の鉱山労働者の間でよく食べられていた。彼らは鉱山へ働きに行くときに携帯できる食事を必要としていて、パスティのぶ厚くて崩れにくいペストリーは実用的で都合がよかった。

もうひとつ有名なのはポークパイで、元々は富裕層が狩りに持っていく食事として生まれた。彼らは丸一日馬に乗って狩りをするので、つぶれにくい軽食を必要としていた。

コーニッシュ・パスティもポークパイも、昔から生地はラードをベースにし、お湯を注いで作る。ラードで作ったペストリーは、バターで作ったものよりしっかりして、形が崩れにくい。また、こげ色がつくのに時間がかかるので、焼き時間が長いパイにも、馬での移動に

熱湯とラードを入れて作ったポークパイは、丸一日の乗馬に耐えるほど頑丈だ。

サクサクした食感のおいしいフランスのクロワッサンに、バターは欠かせない。

もうってつけだった。実際、ラードを入れたペストリーはあまりに固くて頑丈だったので、ペストリーの皮を食べるようになったのは比較的最近のことだ（かつて皮は携帯用の容器代わりに使われ、中味を食べおえたら捨てられていた）。

●まろやかな舌ざわり

パンやお菓子の最も好ましい食感は、多くの場合脂肪が「見えなくなった」とき、つまり、製品の中で脂肪が原形をとどめなくなったときに得られる。しかし、それ以外の料理では、脂っぽい食感が料理の楽しみに欠かせないものも多い。たとえば、アジア一帯では脂肪はその舌ざわりのよさでもてはやされる。

バターと生地を何層にも重ねて、パフペストリーを作る。

日本では、マグロの脂身である大トロを使ったスシは、口の中でとろけるような、クリーミーな食感がもてはやされる。中国の一部では、豚の三枚肉は、脂肪がすべて流れ出してしまわないように、油で炒めてから蒸し煮にする。脂肪分を含んだゼラチン質のやわらかい、とろりとした食感が、肉料理に欠かせない要素なのだ。

また、多くのソースやドレッシングのなめらかな舌ざわりも、脂肪を思慮深く使った結果である。簡単に料理した野菜や生野菜に、風味やなめらかさを増し、食材の苦みや辛みを和らげるために、油――料理によってオリーブオイル、ゴマ油、チリオイルなどを使いわける――あるいは酢と油を混ぜたフレンチドレッシングを振りかけるのだ。

伝統的なフランス料理や欧風料理では、乳化したソースやドレッシングが最も人気が高い。乳化とは、脂肪の分子が液体のソースの中に均等に浮かんでいる状態で、熱を加えたり、攪拌したり、小麦粉、卵、マスタードなどの乳化成分を加えたりすることで起こる。脂肪と液体を均一化することで、クリーミーで口当たりのよいソースになる。

乳化ソースの中で最も広く使われているのは、白くてドロッとしたベシャメルソースで、まずバターと小麦粉を炒めてペースト状のルーを作り、これに牛乳を加えて作る。ベシャメルソースは、伝統的な数種類のスフレを作るもとになり、ラザニアやムサカの主要な材料でもある。もうひとつのおなじみのソースはオランデーズソースで、溶かしバターを少しずつ卵黄に混ぜ合わせていくと、クリーミーな黄色いソースができる。マヨネーズも同じ方法で作るが、溶かしバターの代わりに植物油を使う。

●刺激と「こく」

ヨーロッパスタイルの乳化ソースを作るときは、ソースが「分離」すると失敗と見なされるのが普通だが、ヨーロッパ以外の郷土料理の中には、ソースの油が他の材料から分離していると、料理の質の高さの印と見なされる場合が多い。

四川料理の麻辣火鍋の特徴的なチリオイルと牛脂の層

たとえば、四川料理の麻辣火鍋《マーラーフオグオ》（「麻」は舌がしびれるような辛さ、「辣」はヒリヒリするような辛さを指す）では、ホットチリオイルと牛脂（肉を焼いた後に残る脂肪分）が表面をなめらかに覆う。麻辣火鍋は熱いスープが入った鍋をテーブルに置き、生肉、シーフード、野菜を煮て大勢で食べる料理で、中国全土で食されるが、激辛の麻辣火鍋は四川省の名物料理だ。

元々は船舶労働者向けの安価な料理で、厚い油の層は血豆腐（豚などの血を凝固させたもの）、牛の胃袋や腎臓といった低価格の食材の嫌なにおいを消すためのものだった。今日では、この油脂の層がこの料理の最大の魅力——食材になめらかな食感とスパイシーでこくのある風味を与える——とされている。

同様に、伝統的なタイのカレーや、マレーシア料理のラクサ（スパイスの効いた麺料理）も、表面に油脂の層が浮いている。ココナッツクリームを加えたソースを、クリームが「はじける」——つまり固体クリームからココナッツオイルが分離する——まで熱すると、この層ができる。この透明な油脂の層は、分離する前の均質なココナッツクリームより、スパイスが持つ色、風味、香りを強く発する。

このように、ココナッツクリームを分離させなければならないので、カレーやラクサを家庭の台所で再現するのは難しいかもしれない。ココナッツクリームを分離させるにはかなりの高温で調理する必要があり、こうした料理は直火で調理するのが理想的だ。中華鍋を使うと高温で調理でき、他の調理器具では再現できない風味や食感が生まれる。中華鍋は底がカーブしているので、炎が鍋の側面まで届き、食材をすばやく均一に熱することができるのだ。

中華鍋は強火ですばやく炒める料理や、屋台で売られるさまざまなライスや麺の料理にうってつけだ。昔ながらの金属製の中華鍋を直火で使うと、料理に中国人が「ウォク・ヘイ（中華鍋の息）」と呼ぶ、独特の風味が加わる。これは、広東料理の牛肉入りチャオ・フン（焼きそば）から、マレーシアの麺料理チャークイティオ、インドネシア料理のナシゴレン（焼き飯）まで、さまざまな料理の特徴である「焦げ」の風味のことだ。こうした料理には独特の香ばしい風味があり、中華鍋を使って高温で調理することで、食材は鮮度を保ったまま、薄く焦げ目がつくのである。

中華鍋で料理をするときは、煙点《えんてん》（油を熱して黒い悪臭のする煙が出るときの温度）の高い料理油が不可欠だ。アジアの多くの地域では、料理油としてピーナッツオイルや菜種油が好まれる。高温の直火で調理しても焦げたり劣化したりしないからだ。

こうした料理の多くは、イギリス人の料理研究家で中華料理の専門家フーシャ・ダンロップが言うところの「香味料炒め（frying-fragrant）」から始まる。[1] これはニンニク、ショウガ、唐辛子といった香味料を熱した油の中へ入れ、まず油に香りを移してから残りの食材を加え

直火の中華鍋で料理すると、香ばしい風味が出る。

る。つまり、風味豊かな、よい香りのする油の中で食材を炒め合わせるのである。このようにして炒めた乾燥唐辛子は、クンパオ・チキン（鶏肉、ピーナッツ、花椒《かしょう》［しびれるような辛みをもつ山椒で、四川山椒とも呼ばれる］を強火で手早く炒めた料理）などの料理に、独特の焦げ目のついた唐辛子の風味を与える。

広東料理では、料理人は「炸裂」するような炒め物のテクニックを使って、この香り高い油を最大限に利用する。たとえば、甲殻類を料理するとき、エビやカニを香りのついた油の中で、殻がほぼ真っ赤になるまで熱する。それからソースを注ぐと、油に反応してジュンと音を立て、エビやカニの身に風味がさらによくしみこむのだ。

◉炒める　揚げる

熱した油脂は熱湯の2倍以上の温度に達するので、炒め物は非常に効率よく食材に熱を伝える調理法だ。すばやく調理できるだけでなく、食材の表面に食欲をそそる焦げ色をつけることができる。

この褐色の焦げ目は「メイラード反応」と呼ばれる化学反応の産物で、1912年に初めてこの現象について発表したフランス人化学者ルイ・カミーユ・メヤールにちなんで名付けられた。メイラード反応とは、食品中の糖分とタンパク質が高温の油と接触して分解したときに起こり、こんがりしたきつね色と複雑な風味を生み出す。ある食物学の教授はこれを「人類が知る最高のうま味のひとつ」と表現している。(2)

最高のうま味と食感は、油の中で食材を揚げてメイラード反応を起こしたときにも生じる。高温の油に食材を完全に浸すと、食品中の水分がたちまち蒸気に変わる。食品を油の中に入れるとすぐ出る多量の泡はこれだ。この水蒸気が油をはじき、油が食品の内部まで浸透するのを防ぐ。その結果、表面は焦げ目がついてサクサクしているのに、中味はまるで蒸したようにしっとり仕上がるのだ。

揚げ物はきわめて効率のよい経済的な料理法で、世界中の屋台やファストフード店で軽食が販売されるようになるのに重要な役割を果たしてきた。特に、インドのサモサ(パイ生地に詰め物をして揚げたスナック)やプーリー(膨らんだ揚げパン)から、フィリピンのクウェッククウェック(ウズラの卵を鮮やかなオレンジ色の衣をつけて揚げたもの)、日本の天ぷら(衣をつけてシーフードや野菜を揚げたもの)、ベトナムのネムクアベー(春巻き)まで、アジアの屋台では多種多様の美味な揚げ物を見ることができる。

ヨーロッパ全域では、最も人気のある揚げ物の軽食はドーナツだ。代表的なものとしてはオランダのオリボーレン(小麦粉の生地にドライフルーツを入れて丸めて揚げたもの)、ポーランドのポンチキ（バラの花びらのジャムやプラムの砂糖煮が入ったやわらかいドーナツ）、ギリシャのルクマデス（揚げたパン生地を蜂蜜のシロップに漬け、砕いたナッツとシナモンを振りかけたもの）があり、また、チューロ（ソーセージの形をしたドーナツで、伝統的な朝食でホット・チョコレートとともに供される）はスペインや中南米で人気がある。

これ以外に、中南米で有名な軽食として、エンパナーダ（詰め物をして揚げたパイ）、トスターダ（油で揚げてカリッとさせたトルティーヤ）、パタコーン（料理用バナナを揚げたもの）がある。パタコーンは、多くのブラジルの伝統料理と同様に、デンデ油で揚げる。デンデ油はアブラヤシから採れる鮮やかな赤い色の油で、アフリカ料理でも使われる。プランテン（料理用バナナ）を揚げた料理は、アフリカでも人気のあるスナックだ。

◉ファストフード

だが、おそらく揚げ物で世界的に知られているのは、アメリカのファストフードだろう。南部のフライドチキンは、元々アフリカ系アメリカ人奴隷のソウルフードだったが、今や多国籍企業のファストフード・チェーンによって世界中で販売されている。アメリカのステートフェア［通例年1回開催される州のイベントで、名産品などを展示したり、子供向けに遊園地が

アメリカンドッグをはじめとする美味な揚げ物は、アメリカのステートフェアに欠かせない食べ物だ。

設置されたりする」の会場は、揚げ物スナックの宝庫だ。アメリカンドッグ〈棒を刺したソーセージにトウモロコシ粉の衣を付けて揚げたもの〉から、揚げバター、オレオの揚げ物、トゥインキー〈クリームの入った金色のスポンジケーキ〉の揚げ物、チョコバーの揚げ物など、少々変わり種のスナックまでいろいろある。

フライドポテトに対する需要は、それだけでジャガイモ産業を一変させた。「ラセット・バーバンク」という品種は、黄金色で長さのあるポテトの原料になるので、ファストフード・チェーンからの需要が非常に高く、今では世界中で最も作付面積の大きいジャガイモになっている。

アメリカの「特大」の高脂肪ファストフードに対する評判をパロディ化したのが、ラスベガスの「ハートアタック〈心臓麻痺〉グリル」というバーガー・チェーンだ。ここの売り物は「バイパス・バーガー」〈ビーフ・パティとベーコンの枚数によって、シングル・バイパス・バーガーからオクタプル〈8倍の〉・バイパス・バーガーまである〉と、フラットライナー・フライ〈世界一バターの脂肪分が多いフライドポテト〉だ。このレストランは、非公式な広報担当者とふたりの客が実際に心臓発作を起こしたことを受け、国内外で物議をかもした(3)。

揚げ物は最近ニューヨークでの「クロナッツ」への熱狂ぶりによって、またもアメリカ料理に登場することとなった。バターたっぷりのクロワッサンと揚げドーナツを足して2で割ったようなペストリーを買うために、客はドミニク・アンセル・マンハッタン・ベーカリーの前で何時間も行列する。

近年、伝統的な感謝祭の七面鳥にも揚げ物の波が押し寄せてきている。10ポンド（4・5キロ）の七面鳥を熱した油で揚げれば約35分で料理できるが、同じサイズの七面鳥をオーブンで焼くと約3時間かかる。この料理には大量の油（10ポンドの七面鳥を揚げるのに19リットルの油）が必要なので、ほとんどの料理人は屋外で調理する。

北アメリカの高脂肪のファストフードやスナックに対する評判を考えると、脂肪に対する健康不安がまさにここから起こり、1950年代以後、西洋をはじめ世界のあらゆる地域で食事摂取基準や食料生産に劇的な変化をもたらしたのもうなずける。

第3章◉栄養学 対 脂肪

SFコメディ映画『スリーパー』（1973年）で、主人公の元健康食品店の経営者マイルズ・モンローは、2173年に200年におよぶ冷凍冬眠状態から目覚め、朝食に小麦胚芽、有機蜂蜜、タイガー・ミルク〔牛乳にビール酵母、大豆粉、オレンジジュースを加えて攪拌したもの〕を要求する。その要求に担当の医師たちは当惑するが、アラゴン医師だけは「ああ、知っているよ！　昔は長寿の効果があると考えられていた健康食品だ」と言う。驚いたメリック医師が「では、高脂肪の食品はなかったということ？　ステーキもクリームパイも、ホットファッジ〔アイスクリームやパフェのトッピングに使う温かいチョコレートソース〕も？」と尋ねると、アラゴン医師は「それらは体に悪い食べ物だと考えられていたんだ。現在われわれが正しいと思っていることと正反対だけどね」と答える。メリック医師は「信じられないわ」と驚く。

『スリーパー』は、ホットファッジ・サンデーや高脂肪の揚げ物が「真の」健康食品だと判明する未来を想像することで、正しいとされる医学上の通念の、あっけないほどの変わり身の早さを揶揄している。つまり、ある時点で「健康に良い」とされていたものが、別の時点では「悪者」にされるのだ。

『スリーパー』は脂肪分の多い食品をコメディのテーマに取り上げたが、この映画が公開される前と後では脂肪に対する評価が変化していたことを考えると、きわめて妥当な選択と言える。今日においても、脂肪、特に飽和脂肪酸［バターやラードなど肉類の脂肪や乳製品に多く含まれる脂肪酸で、体内で固まりやすいため、悪玉コレステロールを増加させる］の健康への影響について、懸念や議論が相変わらず繰り広げられており、活発な学問的論争も一般市民の当惑も、どちらも終わりが見えない。

●飽和脂肪酸「悪魔」説の誕生

脂肪は歴史的に価値の高い食品として名声をほしいままにしてきたが、その地位は第2次世界大戦後、少なくとも西洋では急速に低下した。20世紀を迎える頃には平均余命が延び、深刻な感染症が大部分撲滅されたこともあり、多くの医療専門家は、アメリカは今後心臓病と生活習慣病のかつてない「蔓延《まんえん》」に直面することになるだろうと予測した。

1955年にドワイト・D・アイゼンハワーがアメリカ合衆国大統領としての1期目の任期途中に深刻な心臓発作を起こすと、心臓病という問題に対する認識は一気に広まった。病から回復したアイゼンハワーは、当時の新しい医学の統一見解に従い、ベーコン、ソーセージ、ポリッジ［水または牛乳でオートミールなどを煮た粥状のもの］、パンケーキといういつもの朝食をはじめとして、以前の高脂肪食品中心の食事を低脂肪の食事とエクササイズの習慣に変えた。

ミネソタ大学研究者アンセル・キーズ博士の研究は、心臓の健康と食物脂肪との関係の解明に大きな影響を与えた。キーズ博士は、第2次世界大戦が終了して繁栄が進むにつれ、アメリカ人が戦前の典型的な食事に比べ、多くの脂肪と赤身肉を摂るようになったことに気づいた。1953年に発表された最初の短い「6か国研究」に続き、博士は現在もよく引用される「7か国研究」（アメリカ、日本、フィンランド、オランダ、ギリシャ、イタリア、ユーゴスラビア［バルカン半島にかつて存在した国］の中年男性の食習慣に関する長期間の研究）を開始した。すると、日本など心臓疾患の少ない国の国民は飽和脂肪酸の摂取量が少ない傾向があるが、アメリカやフィンランドを含む国々は、心臓疾患の罹患率も、食事に含まれる飽和脂肪酸の量も、どちらも高レベルであることがわかった。

キーズ博士は、この「食事と心臓疾患に関する仮説」と呼ばれる研究の一環として、動物性脂肪やトロピカルオイルに含まれる飽和脂肪酸は血液中のコレステロール値を上げ、冠動脈性心疾患のリスクを高めるが、逆にナッツ、種子、魚油《ぎょゆ》に含まれる不飽和脂肪酸は、コレステロール値を下げ、その結果心臓病のリスクが低下するという結論に達した。(1)

1961年、キーズ博士は、食物飽和脂肪酸を「心臓疾患における悪魔」と指摘する先駆的な研究が認められ、『タイム』誌の表紙に登場した。(2) それと、ベストセラーになった妻のマーガレットとの共著『正しい食事をして長生きしよう *Eat Well and Stay Well*』によって、キーズ博士の研究は広く世間に知られることとなった。

ただし、「食事と心臓疾患に関する仮説」に対する批判がなかったわけではない。脂肪にはさまざまな脂肪酸が含まれていて、人の食事を全体としてとらえた場合、こうした個々の脂肪酸が心臓の健康に与える影響を特定することはできないという事実を、キース博士の研究はないがしろにしているという批判もあった。

また、博士の研究はいわゆる「生態学的錯誤」に依存しており、集団レベルでは成り立っても、その中の個人レベルでは誤った結論が導き出される危険があるというような、方法論的欠陥を指摘する意見もあった。「7か国研究」における発見によって、食物脂肪とコレステロール、心臓疾患との相関関係は明らかになったかもしれないが、必ずしも因果関係が明らかになったわけではないというのだ。

こうした懸念は十分に認識され、議論されたが、「肥満防止」の健康政策が公式な方針になると、ひっそりと闇に葬られた。そして、「食事と心臓疾患に関する仮説」の理念を認めない人々は、医学研究の世界でまたたく間に疎外された。

１９７７年には、脂肪の摂取を減らすべきとする意見が、「米国の食事目標」（後の「アメリカ人のための食事指針」）に正式に採用され、その後上院特別委員会が作成した原則は、西洋の英語圏のすべての国に導入された。これらの推奨項目は、今では伝説となった食生ピラミッドによって簡潔に表された。食生ピラミッドの最下層にはパンとシリアルが置かれ、油脂は「控えめに」消費するようにとアドバイスされている。

１９５０年代から１９９０年代初頭にかけて、「食事と心臓疾患に関する仮説」は、主要な医師会や政府機関だけでなく、消費者擁護団体からも支持された。消費者擁護団体は、加工食品やファストフードの動物性脂肪、ヤシ油、ココナッツオイルなど、食品業界の飽和脂肪酸の使用を標的にした。

１９８８年、心臓発作からの生還者であり、全米心臓保護協会（ＮＨＳＡ National Heart Savers Association）の創立者フィル・ソコロフは、食品業界に対し、揚げ物や加工食品に使

生物学　食生ピラミッド

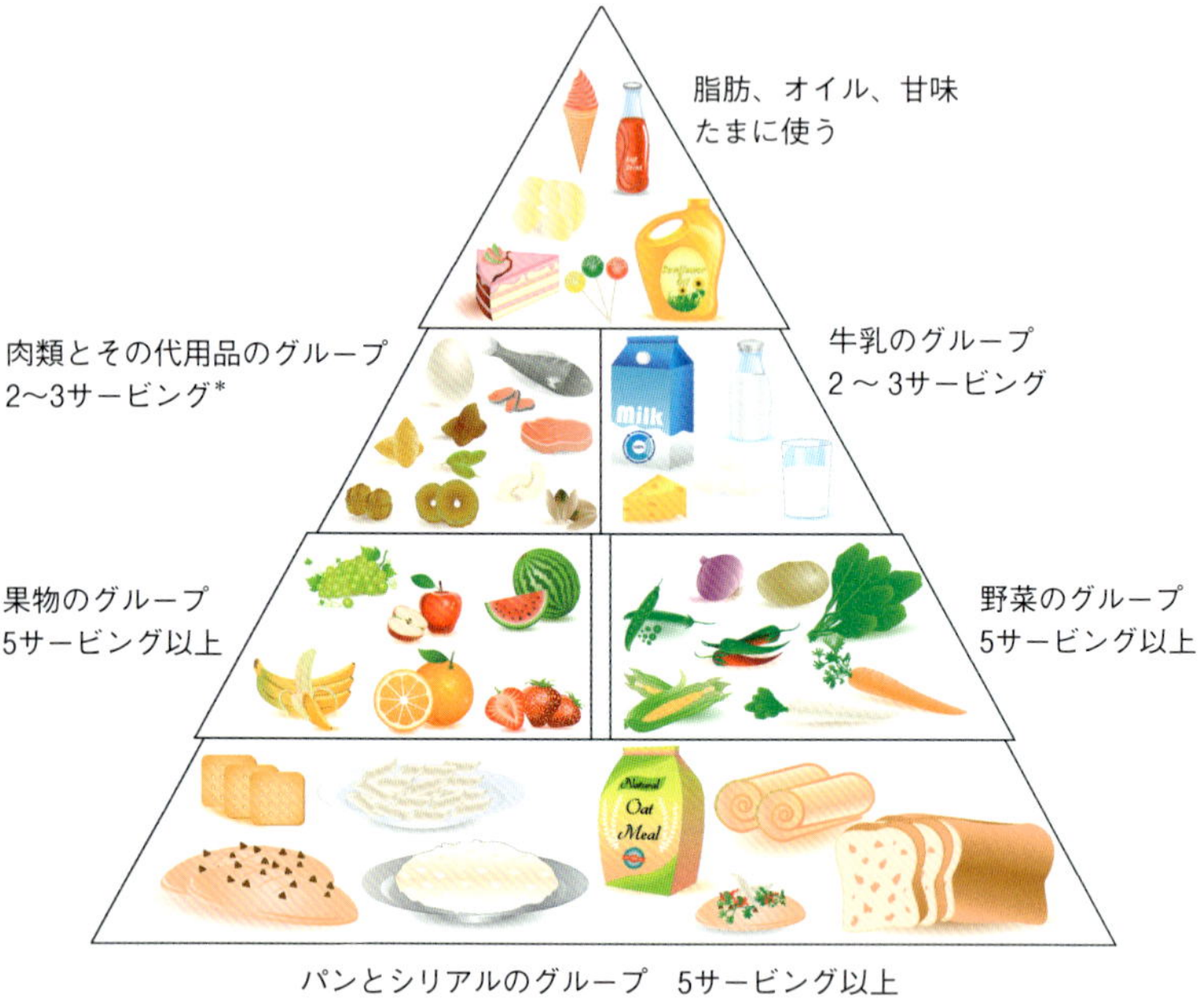

食生ピラミッドに簡略に記された食事指針は、西洋の英語圏のすべての国が導入した。
*FDA は、通常ひとりが1食に消費する食品の基準量を「1サービング」と定めている。

われている飽和脂肪酸を差し替えるよう要求した。全米心臓保護協会はニューヨークタイムズ、ワシントンポスト、ニューヨークポスト、USAトゥデイ、ウォールストリートジャーナル各紙に全面広告を出し、「アメリカを汚染しているのは誰だ？　飽和脂肪酸を使っている食品加工業者だ！」というスローガンを掲載した。公益科学センター（CSPI）も記者会見、手紙キャンペーン、嘆願書、広告などの手段を使った「飽和脂肪酸攻撃」によって、NHSAのキャンペーンを支持した。

NHSAとCSPIの標的にされたケロッグ、カーネーション、ペパリッジファーム、キーブラー、プロクター&ギャンブル（P&G）、ボーデン、サンシャインなどの企業は、ほぼ全社が動物性脂肪やトロピカルオイルを、部分硬化植物油に差し替えた。ナビスコもキャンペーンに応えて、オレオ、フィグ・ニュートン、バーナムズ・アニマル・クラッカー、リッツ・クラッカー、ジンジャー・スナップスをはじめ多くの製品から、自主的にヤシ油、ココナッツオイル、ラードを排除した。

NHSAとCSPI、さらに広範な消費者団体からの圧力により、1980年代と1990年代に、大手ファストフード・チェーンは高脂肪の揚げ物に部分硬化植物油を使うようになった。それにより、食品加工業者は動物性脂肪やトロピカルオイルが持つ食感、歯ごたえ、貯蔵性、それに調理法を変更せざるをえなくなったが、「体に悪い」とされる飽和脂肪の性質を排除することができた。

１９８６年にはバーガーキングが部分硬化植物油への転換をすませ、マクドナルドもフライドポテトを除くすべての商品で転換した（フライドポテトには１９９１年まで牛脂が使われた）。また、１９９１年にはアメリカのファストフード・レストランのデイリークイーン、ジャック・イン・ザ・ボックス、ウェンディーズも、調理に動物性脂肪とトロピカルオイルを使うのをやめた。

早くも１９５９年には、部分硬化植物油の製造過程で発生するトランス不飽和脂肪酸について、健康に悪影響を与えるのではないかとの疑問が提起されていたが[3]、それでも、部分硬化植物油は飽和脂肪酸の代替物としてより安全だというのが通説で、その使用は、ＮＨＳＡとＣＳＰＩ、それに当時の多くの医学的権威によって、繰り返し承認されていた。ＣＳＰＩは１９８６年度の「ファストフード・ガイド」に、動物性脂肪とトロピカルオイルを部分硬化植物油へ変更したことは、「アメリカ人の動脈にとって大いなる福音である」と記し、１９８８年度の小冊子『飽和脂肪酸への攻撃』では、部分硬化植物油は、飽和脂肪酸より「健康に良い」と明言した。

ＣＳＰＩによる推奨の効力はめざましかった。１９８２年当時、マクドナルドの代表的な商品であるチキンナゲット、フライドポテト、アップルパイには２・４グラムのトランス脂肪酸が含まれていたが、部分硬化植物油への転換後には、同じ商品に含まれるトランス脂肪酸は19・2グラムになった。700パーセントの増加である。[4] 実際、1970年代から1980年代初頭にかけて、マーガリンには65パーセントものトランス脂肪酸を含むものもあった。

◉新たな「悪魔」——トランス脂肪酸

ところが、1990年と1993年のきわめて重要な研究は、部分硬化植物油は心臓の健康にとって「大いなる福音」だとする通念を一変させた。1990年の研究では、トランス脂肪酸はLDL（いわゆる「悪玉」コレステロール）値を上昇させ、HDL（「善玉」コレステロール）値を低下させることによって、心血管疾患の発症に大きく関与することがわかった。[5] 1993年の研究では、部分硬化植物油の形でのトランス脂肪酸の摂取は、心血管疾患と正の相関関係があることが明らかになった。[6]

研究者たちは、アメリカの毎年少なくとも3万人にのぼる心臓疾患による死亡は、マーガリンその他の部分硬化植物油を含む製品をはじめとする、加工食品と調理済み食品のトランス脂肪酸含有量に直接的原因があると推定した。[7] トランス脂肪酸は、研究者たちが排除しようとした飽和脂肪酸より、はるかに体に害を与えるものだというのだ。

すると、部分硬化植物油の使用を食品業界に最も強力に要求していた組織のひとつが、手のひらを返したように、最も容赦のない批判者へと変わった。CSPIは食品医薬品局（FDA）に対し、食品にトランス脂肪酸含有量の表示を義務付けるよう要請した。その後キャンペーンが続けられた結果、アメリカでは2006年にこれらの勧告が実施され、他の多くの国々もそれに続いた。1993年にCSPIが反トランス脂肪酸キャンペーンを開始して以来、マーガリンの売り上げは急激に減少し、2013年までに過去70年間で最低にまで落ちこんだ。[8] 消費者の不安に応えるため、ユニリーバ社は1998年にプロミス・マーガリンの成分をトランス脂肪酸を含まないものに変更し、コナグラ・フーズもフライシュマンズ・マーガリンに対し同様の処置を取った。2002年にはフリトレー社がコーンチップやチーズパフを含む多くのスナック製品からトランス脂肪酸を除去した。

2003年、BanTransFats.comという非政府組織が、クラフト社に対し、オレオ・クッキーにトランス脂肪酸が含まれている限り、この製品の子供への販売中止を要求する訴訟を起こした。この訴訟は、クラフト社が学校内でのオレオの販売を中止し、トランス脂肪酸を含まないクッキーの生産を開始することに同意したため、取り下げられた。

2006年、CSPIはKFC（ケンタッキー・フライドチキン）に対し、揚げ物製品

2006年、アメリカ合衆国食品医薬品局（FDA）は、すべての食品にトランス脂肪酸含有量をラベル表示するよう要請した。

に半硬化油を使用したとして訴訟を起こしたが、KFCが自主的にトランス脂肪酸を含まない揚げ油への変更を決めたため、訴訟は取り下げられた。全体として、食品業界のトランス脂肪酸の使用量は、2001年から2008年までに少なくとも半減した。(9)

引き続き消費者団体や健康推進団体からの圧力に押されて、FDAは2013年に、トランス脂肪酸は「一般に安全と認められる食品（GRAS）」ではないとの決定を下した。そして、食品業界に残された道は、3年以内に段階的にトランス脂肪酸の使用を廃止するか、「食品添加物」の区分のもとで使用継続の承認を求めるかとなった。乳製品は、トランス脂肪酸が少量（5パーセント未満）含まれていても、天然成分である場合は対象外とされた。

◉不信感

21世紀を迎えると、50年続いた飽和脂肪酸反対運動も難しい局面に立たされるようになった。こうした突然の「回れ右」的な健康指導は、一般市民の心理にきわめて大きな影響を与えた。健康に良いと思われた部分硬化植物油が、実際は変更前の飽和脂肪酸より危険だとわかったことで、政府の食事指導に対する不信感が高まったのだ。

2009年に行われたイギリスの一般市民を対象にした調査で、調査対象者の大部分が、科学者は健康的な生活に関するアドバイスで「意見をころころ変える」と感じていることがわかった。彼らは食生活についてのアドバイスはいつも流動的だと感じており、多くの人が、最良の方法は「アドバイスはすべて無視して、自分の食べたいものを食べる」ことだと考えていた。[10] 今日、バターの消費量はこの40年間で最高になり、[11] かつて飽和脂肪酸の含有量が多いために「体に悪い」と見なされ、加工食品ではトランス脂肪酸に差し替えられたヤシ油が、再びさまざまな食品の調理に使われるようになった。

にもかかわらず、「食事と心臓疾患に関する仮説」の提唱者たちは、すぐさま一般市民に自分たちの業績、特に20世紀後半に冠動脈疾患による死亡者が大幅に減少したことを再認識させた。けれども、心臓疾患による死亡者の減少と、「低脂肪」の食事を推奨したこととの因果関係は、最初に思われたほど明確なものではなかった。

実際のところ、戦後の心臓疾患の「蔓延《まんえん》」は、食生活の変化によって引き起こされたという主張には異論が多い。アメリカでは、心臓疾患による死亡者は、1950年から1967年にかけて3・3パーセント増加している。ところが、1967年以降、死亡者数は急激に減少しはじめ、1979年から1997年まで毎年1・5パーセントずつ低下した。[12] 同時期に食生活も変化していたので、これはそのためだと考える向きも多かった。1979年から1997年にかけて、アメリカ人の飽和脂肪酸摂取量は減少していたからである。

だがデータをくわしく見てみると、たしかに死亡者数は減ったかもしれないが、心臓疾患全体の発生率が減少したわけではないことがわかる。心臓疾患による死亡者数が減少したのは、食生活の変化の結果というより、おそらく効果的な臨床的介入、手術法の改善、集中治療の進歩の結果だろう。実際、最近のデータを見ると、西洋では心血管疾患による死亡率は減少を続けているが、患者数は増えつづけている。[13]

心臓疾患の発生率の増加は、食生活の変化は――良く解釈しても――心血管疾患の増加を食い止めることにおいて限られた役割しか果たせていないことを示しており、悪く解釈すると、食生活の変化の予期せぬ結果かもしれなかった。多くの専門家は、今では、心臓疾患の発生率の増加は、「食事と心臓疾患に関する仮説」の予想外の悲惨な影響だと考えている。2013年の報告書は、動物性脂肪やトロピカルオイルを部分硬化植物油に差し替えたことを、以下のように非難している。

PHVO（部分硬化植物油）の人間の食物連鎖への導入と、それに関連するTFA（トランス脂肪酸）の摂取量の増加は、戦後の「西洋」諸国において、CVD（心血管疾患）の死亡率と罹患率が高水準にあることに大きく関与している可能性がある。[14]

2005年、ハーバード公衆衛生大学院の栄養学部長ウォルター・ウィレットはニューヨークタイムズ紙に、飽和脂肪酸を部分硬化植物油に差し替えるよう患者に助言したことを後悔していると述べた。

1980年代に医師をしていたとき、私は「飽和脂肪酸を部分硬化植物油に差し替えなさい」と患者たちに勧めていた。そして、不幸なことに、まだ生きられたはずの人々を墓場へと送ってしまったのだ……実際のところ、バターよりトランス脂肪酸のほうが体に良いという証拠はなかった。そして、後になってわかったことだが、実際はトランス脂肪酸のほうがはるかに体に悪かったのだ。[15]

●ローカーボ（低炭水化物）ダイエット

だが、飽和脂肪酸は減らすべきとする一般に広まった勧告に関連する結果として、これ以外にも健康に悪影響を与えるものが出てきた。「食事と心臓疾患に関する仮説」は食品業界に対し、「低脂肪の」「脂肪を減らした」「心臓にやさしい」一連の製品を売り出す絶好の機会を提供したのである。業者は脂肪分の高い商品の「好ましい」風味や食感をこれらの製品でも再現する必要があるので、脂肪分の不足を補うために、多量の砂糖や炭水化物を使用している。「低脂肪の」あるいは「脂肪を減らした」製品が必ずしも「低カロリー」とはならず、多くの製品は、従来の脂肪分の多い製品と同程度、もしくははるかに高カロリーになっている。特にいくつかのタイプの低脂肪、あるいは無脂肪ヨーグルトは、脂肪分は少なくても糖分が多くなるというリスクを抱えることになった。

1950年代以降、アメリカのひとり1日当たりの平均カロリー摂取量は著しく増加しており、最近の50年間で砂糖の消費量は3倍に増えた。[16] 長年にわたり、脂肪の高いエネルギー密度が肥満をもたらすと考えられてきたが、今では多くの専門家が、炭水化物の過剰摂取が世界的な肥満率上昇の要因であると指摘している。世界保健機関によると、今や肥満は蔓延しており、肥満成人は世界で3億人にのぼるという。[17] 現在、精製糖や加工された炭水化物の過剰摂取は、体重増加、インスリン抵抗性、血中の飽和脂肪酸濃度の上昇など、さまざまな重大な健康問題を引き起こすと考えられている。

「食事と心臓疾患に関する仮説」は、心臓疾患に対する世間の認識を高めたものの、脂肪の摂取量は減少しているにもかかわらず肥満率が上昇するという矛盾した状況を招く要因にもなった。食物脂肪を減らせという勧告が肥満率の上昇という予期せぬ結果をもたらす一方で、脂肪を「減量の道具」として使う低炭水化物ダイエット運動は、多くの批判を浴びなが

フラン「厳しいダイエット」(2004年)［Fran はイギリスの最も有名な漫画家のひとり。新聞や雑誌に主に1コマ漫画を掲載している］

らも一般通念への挑戦にめざましい成功を収めた。
1953年、内科医A・W・ペニングトンは『ジャーナル・オブ・クリニカル・ニュートリション（臨床栄養学）』誌に、減量を成功させるには、当時支配的だった低脂肪によるカロリー制限ダイエットではなく、脂肪分とタンパク質を多く摂取し、炭水化物の摂取をごく少量にする、カロリー無制限のダイエットが最適であると提案した。[18]
1963年、臨床医で当時自身も体重の問題に悩んでいたロバート・C・アトキンスはこうした発見に興味をひかれた。ペニングトンの減量プランによってめざましい成功をおさめたアトキンスは、アメリカのテレビ深夜番組『トゥナイト・ショー』や『ヴォーグ』誌に登場し、このダイエット法を自分の患者だけでなく、一般大衆にも積極的に推奨するようになった。アトキンスの人気は高まり、1972年に『アトキンス博士のローカーボ（低炭水化物）ダイエット』［荒井稔・丸田知美訳　同朋舎　2000年］が出版されると、たちまちベストセラーになった。
アトキンスのダイエット法は、当時主流だった方法とは異なり、バター、クリーム、チーズ、オリーブオイル、肉、鶏肉、魚の脂肪などの「天然油脂を恐れるな」と促し、この食事計画を「母なる自然と手をつなぐ」ものとうたった。[19]彼は天然油脂を、減量にも健康全般にも有益なものとして奨励した。なぜなら、天然油脂を摂取すれば空腹感と血糖値の急上昇が抑えられ、ダイエット実行者は「化学的に変質させた」トランス脂肪酸を含む「偽の食品」の危険を避けることができ、健康を維持できるからだ[20]。

彼の成功はめざましく、1992年には『アトキンス博士のローカーボ（低炭水化物）ダイエット』の改訂版が発売され、総計1500万部以上を売り上げた。彼の成功はまた、1990年代後半に、サウス・ビーチ、ゾーン、プロテイン・パワーなど、さまざまな低炭水化物ダイエット法が世に出るための道を開いた。注目すべきは、アトキンスは医学界からは手厳しい批判を浴びたが、一般大衆からは一定の信頼を獲得したことだ。そして2002年、アトキンスは『タイム』誌の「今年の重要人物」に選ばれるまでになった。

西洋の英語圏の国々は、最近の食事指針で相変わらず食物脂肪を減らすよう勧告しているが、今では飽和脂肪酸とトランス脂肪酸の両方を、多価不飽和酸と一価不飽和酸を含む油脂に差し替えるようにというアドバイスもしている。最近改訂されたオーストラリアの食事指針では、バター、クリーム、料理用マーガリン、ココナッツオイル、パーム油といった飽和脂肪酸を多く含む高脂肪食品を、オイル、スプレッド、ナッツバター、ナッツペースト、アボカドなど、多価不飽和脂肪酸と一価不飽和脂肪酸を多く含む食品に差し替えるよう勧めている。

オーストラリア心臓財団も同様に、飽和脂肪酸とトランス脂肪酸を避けるべき「体に悪い」

食事指針は、ナッツ類やアボカドに含まれる、「体に良い」一価不飽和脂肪酸や多価不飽和脂肪酸の摂取を奨励している。

脂肪とし、「一価不飽和脂肪酸や多価不飽和脂肪酸などの体に良い脂肪」の摂取を奨励している。このような体に「良い」脂肪と「悪い」脂肪という区別は、昔から地中海沿岸に住む人々の間に、冠動脈性心疾患の発生率が比較的低いことの説明になると考えられている（そのため、最近いわゆる「地中海式ダイエット」が注目されている）。同様に、日本人や北極圏の住民も、昔から魚を多量に摂取している。オリーブオイルや海産脂肪など「良い」脂肪に見られる保護効果は、心臓の健康に有効だと考えられている。

◉善悪二元論への疑問

しかしながら、脂肪を「良い」と「悪い」

伝統的な地中海料理で使用されてきたオリーブオイルは、心臓の健康に有益な効果があると考えられている。

に区別したり、食品の特徴として「飽和」、「多価不飽和」、「一価不飽和」脂肪を含むことだけを取り上げたりすることの限界を指摘する意見もある。このようなとらえ方は、食品とその健康への影響を考えるうえで、あまりに単純すぎる。結局のところ、食品は1種類の脂肪だけで構成されているわけではなく、数種類の脂肪を含んでいるものだ。飽和脂肪酸の分子構造はかなり頑丈なので、もし混じりけのない飽和脂肪酸というものがあったら、とても食べられたものではないだろう。だから、必然的に食品には飽和脂肪酸と不飽和脂肪酸の両方が含まれているのだ。

たとえば、ラードには約39パーセント

の飽和脂肪酸、45パーセントの一価不飽和脂肪酸、11パーセントの多価不飽和脂肪酸が含まれている。[21] あるスコットランドの研究チームが述べているように、39パーセントの脂肪が心血管系にダメージを与える一方で、残りの61パーセントが保護しているというのは何を意味しているのだろうか。さまざまな種類の脂肪が、たがいに相殺し合っているということか。[22] だとすると、食事指導の主流は明らかに「食事と心臓疾患に関する仮説」をもとにしているが、この仮説には議論の余地があるということだ。すでに２００１年には、食物脂肪と心臓疾患の関係を調査した27の研究のメタ分析［複数の研究結果を統合し、より高い見地から比較・分析すること］から、以下のような結論が出ている。

数十年にわたる努力と無作為に選んだ何千人もの人々の協力にもかかわらず、総脂肪、飽和脂肪酸、一価不飽和脂肪酸、多価不飽和脂肪酸が心血管疾患罹患率と死亡者数に与える影響に関しては、非確定的かつ不十分な根拠しか認められなかった。[23]

それから約10年が過ぎた２０１２年、同じ研究チームが新たな発見によって調査結果を更新したが、やはり食物脂肪の摂取が心血管疾患による死亡者数に与える目立った影響は認められなかった。[24] ２０１０年には別のメタ分析が発表され、それは21の研究と34万７７４７

人の被験者を対象としたものだったが、やはり飽和脂肪酸と心臓疾患のリスク上昇を関連づける有意な証拠は認められなかった[25]。

2014年、ケンブリッジ大学が主導し、イギリス心臓財団が一部資金提供したプロジェクトにおいて、ラジブ・チョウドリ上級研究員らが、食物脂肪と心臓の健康に関する、これまでで最も広範で包括的な研究を発表した[26]。

その巨大なデータベースは、ヨーロッパ、北アメリカ、アジアの60万人以上の人々から集めた食事データに基づいた、45の観察研究と27の心血管疾患リスク無作為化試験［評価の偏りを避け、客観的に治療効果を評価することを目的とした研究試験の方法］で構成されていた。このチームは、トランス脂肪酸の食事摂取は心臓疾患のリスクを16パーセント上昇させ、オメガ3系の2種類の脂肪酸――魚油に多く含まれる多価不飽和脂肪酸のドコサヘキサエン酸（DHA）とエイコサペンタエン酸（EPA）――は心臓疾患のリスクを低下させることを発見した。しかしながらこの研究からは、飽和脂肪酸が心臓疾患のリスクを高めるという証拠、あるいは「体に良い」とされる多価不飽和脂肪酸や一価不飽和脂肪酸が、心臓に何らかの保護効果を持つという証拠は見つからなかった。

こうした研究に対しては手厳しい批判が浴びせられた。特にチョウドリの研究に対する反応は迅速だった。ハーバード大学教授で、栄養疫学研究の第一人者であるウォルター・ウィレットは、この研究は撤回されるべきだと明言した。そして、『サイエンス』誌で「彼らは甚大なダメージを与えた。新聞や雑誌に掲載されたこの論文を支持する記事についても、撤回を考えるべきだ」と主張した。カナダ栄養士協会もまた、「残念なことだが、この調査は栄養摂取指導に対し消費者にさらなる疑念を抱かせる材料を新聞に提供するものだ」と、この研究に反対する声明を出した。チョウドリは自身の研究を弁護して、以下のように主張した。

2008年には、世界で1700万人以上が心血管系の疾患で死亡している。この疾患の患者はきわめて多数にのぼり、利用可能な最高の科学的証拠に裏付けられた、適切な予防ガイドラインの提供を必要としている。[27]

オークランド小児病院研究所アテローム性動脈硬化症研究のディレクター、ロン・クラウスも、2010年の論文で同様の懸念を表明している。その中で彼は、飽和脂肪酸と心臓疾患のリスクを結びつける研究がこれほど多いのは、主に明確な科学的証拠というより、いわゆる「出版バイアス」の結果だと主張している。つまり、支配的な見解を支持する研究は受け入れられやすく、支配的な見解に相反する発見は公表されにくいということだと。[28]

1973年の映画『スリーパー』で、クリームパイや揚げ物を「体に良い食品」として描いているのは、栄養指導の変わり身の早さを皮肉っているわけだが、今日でも、何が本当に体に良いのかははっきりしないままだ。脂肪への懸念は、どうやらかつて思われていた「アメリカ人の動脈にとって大いなる福音」ではなかったようだが、食品業界にとっては明らかに大いなる福音だった。食品業界は、数々の新製品と製造工程を開発し、西洋の日常的な食習慣を根底から変えたのだから。

第4章◉代替品と本物

食物脂肪に関する健康上の懸念は、現代の食品産業に大改革をもたらした。西洋では、消費者に健康に良いとアピールする「低脂肪」、「無脂肪」、「コレステロール・ゼロ」の製品がスーパーマーケットの棚にあふれている。食物脂肪に対する文化的期待の変化に伴って、新しいオイルシードや家畜の種が開発され、農業や食肉生産の方法も大きく変化した。この数十年の間に、健康上の懸念が引き金になって、現代のフードシステム、食品生産、日常の食習慣は劇的に変化したが、こうした「代替的」製品の多くにはさらに長い歴史がある。

実際のところ、食品製造業者は100年以上にわたり、コスト、貯蔵性、利便性を考慮して、動物性脂肪をさまざまな物質に代替させてきた。だが、食物脂肪に関する懸念によって、食品業界が待望のマーケティングの成功を手にしたのはごく最近のことだ。最初は品質してていったのだ。

の劣った代替品でしかなかったものを、改良を重ねて非常に好ましい、利益の上がる製品に

●マーガリン

食品業界が最初に動物性脂肪の代替品を世に広めたのは19世紀のことで、それは増加を続けるヨーロッパの都市生活者に対し、工業化と都市化が栄養上の問題を引き起こした時代でもあった。肉類や乳製品に含まれる食物脂肪は、低所得世帯にとってますます高価で手の届かないものになっていた。

19世紀後半には人口の急増が食用油脂の供給危機を招き、特にフランスは悲惨な状況に陥った。ビスマルクによるプロイセンの軍事力増強により、フランスも軍備を強化せざるをえなくなった。1866年、ナポレオン3世はパリ万博の一環として、「海軍とあまり裕福でない階級の人々のためのバターの代用品」を懸賞募集した。それには、製品は「安価に製造でき、時間がたっても風味が悪くなったり、悪臭を放ったりしないもの」という規定があった。(1)

1869年、イポリット・メージュ＝ムーリエがこの課題に応えることに成功した。このフランス人化学者は、牛の脂肪と乳房からの抽出物、それに脱脂粉乳を混ぜてバターの代

オレオマーガリンの製造（1880年）

用品を作り出し、「オレオマーガリン」と名づけた（この混合物にはマルガリン酸が含まれていると勘違いしていた）。1871年になると、メージュ＝ムーリエはこの製品の特許をオランダのユルゲンス社（後にコングロマリットのユニリーバ社の一部となる）に売却した。オレオマーガリンはバターより長持ちし、ほぼ半額で販売することができたが、当初市場ではあまり注目されなかった。だが1910年に水素添加の技術が導入されると、マーガリンはバターの代替品として幅広い支持を獲得するようになった。

マーガリンの出現は食品の工業生産の先触れとなったが、生産に参画でき

マーガリンの発明者イポリット・メージュ＝ムーリエの肖像が誇らしく描かれたタバコの箱

るのは潤沢な資金のある大企業だけだった。マーガリンが工業生産されるようになると、特にマーガリンを乳牛農家に対する脅威と見なす乳製品業界から、疑念と警戒の念をもって迎えられた。強力な圧力団体として団結した乳製品業界は、マーガリンは消化不良などの病気を引き起こし、また、病気の牛の肉や腐敗した牛肉、死んだ馬、死んだ豚、死んだ犬、狂犬病の犬の肉、溺死したヒツジの肉が含まれていると言いふらした(2)。19世紀は精肉業界の評判が最悪だった時代であり、マーガリンのイメージがよくなるきざしは見えなかった。

1902年、アメリカ合衆国上院において、ウィスコンシン州選出のジョゼフ・クォールズ上院議員は、緑の放牧地でのんびり草を食む乳牛から作られる健全で牧歌的なバターのイメージと比べると、マーガリンはひどく不快で不自然な食品であると訴えた。

この国に奇妙な事態が起こっています。バターの原料として、なぜか肉牛が乳牛と張り合っています。豚が肉牛と共謀して乳製品業界を独占しようとしているのです！　誇りある男性は、乳牛のために立ちあがり、乳牛の伝統ある優位性を保護しなければなりません……乳牛が見捨てられ、肉牛に取って代わられるのを、乳牛から作られる健全で心休まる製品がグリースという人工的な化合物にすりかえられるのを、断じて許してはなりません！　たしかにそれは化学的に見れば問題のない食品かもしれません。しかし、クローバーの香り、朝露のみずみずしさ、自然が人間の嗜好に合うようバターにだけ与えた申し分のない風味とは、まったく相いれないものです……私は食肉処理場からではなく、牧場からもたらされるバターを切望します。(3)

アメリカ、カナダ、ニュージーランド、オーストラリアの乳製品業界からの激しいロビー活動が功を奏し、マーガリンの市場は限定的なものになった。乳製品業界が与えた政治的への圧力は、有力な団体や組織のロビー活動によって立法議案が成立する最初の例のひとつとなった。

1950年代になると、アメリカではマーガリンが価格によって市場で有利にならないように、差別的な税が課せられた。マーガリンがバターであるかのように販売されたり、バターと間違われたりしないように、黄色に着色することも禁止された。マーガリンの元々の色は食欲をそそるものではないので、これはマーガリン業界にとって厄介な問題となった（この措置に対抗するため、アメリカのマーガリン製造業者は黄色の着色剤のカプセルを添え、購入者が自宅でマーガリンに練りこめるようにした）。1960年代後半まで、いくつかの州では黄色に着色することが禁じられていた。また、バーモント、ニューハンプシャー、ウェストバージニアを含む5つの州では、マーガリンをピンクに着色することを求める法律が

オランダのマーガリンの広告（1893年頃）

可決された。

カナダではマーガリンの販売は1949年まで全面的に禁じられていて（1919〜1922年だけは例外）、黄色の着色料の禁止が撤廃されたのは、オンタリオ州では1995年、ケベック州ではつい最近の2008年のことだ。ニュージーランドでは1971年まで処方箋がないとマーガリンを買うことすらできず、黄色に着色することも禁じられていた。オーストラリアでは黄色の着色は1960年代に解禁されたものの、最も消費量の多いスプレッドとしてマーガリンがバターに取って代わったのは1970年代後半だった。

アメリカでは、その20年前にマーガリンの運命は好転していた。第2次世界大戦中にバターが不足したことで、マーガリンはアメリカ市場で足場を固め、1950年代にマーガリンの売り上げはバターを追い越した。その頃にはマーガリンの成分は発明当時から大きく変化し、原料も動物脂肪から植物油に変わっていた。

●ショートニング

家庭や商用で最初に広く使われた製品は、クリスコ・ショートニングだ。1911年にP＆Gがラードの代用品として開発したもので、最初は部分硬化綿実油から作られた。

1920年代頃のクリスコの広告

P&Gは、動物脂肪を原料にした最初のマーガリンのかんばしくないイメージを払拭しようと、クリスコの成分は純粋な植物由来であることを強調する、派手な宣伝活動を開始した。また、クリスコを使った615のレシピを掲載した料理本も配布した。クリスコは大成功を収め、1912年の初年度の売り上げは1200トンであったのが、1916年には2万7000トンに急増した。[4]

1914年にクリスコの強力な競争相手として、同じく部分硬化綿実油から作ったショートニング、クリームクリスプが市場に出現すると、P&Gは特許侵害で訴訟を起こした。P&Gは1920年には敗訴が確定した、クリームクリスプを生産していたブラウン・カンパニーが破綻し、最終的にP&Gに買収された。しかし、クリスコはライバル商品には勝ったものの、訴訟に負けたことで水素添加工程の独占権を主張する権利も失った。

この件は結局、1968年に綿業界が崩壊した後、大豆生産者が部分硬化植物油とショートニングの市場を独占するという結果を招いた。1950年代にはアメリカにおける大豆油の消費量は綿実油と肩を並べるようになっていたが、1940年代後半までに大豆油の価格は綿実油やコーン油と張り合うために絶えず引き下げられていて、生産者へ支払われる価格は年間9000万ドルがせいぜいだった。[5]

大豆油は多価不飽和リノール酸とアルファリノレン脂肪酸を多く含んでいるため、沈殿部

アメリカのマーガリンの広告（1940年代頃）

分から「青くさい」「ペンキのような」においがする。消費者の多くは、このにおいを、腐った綿実油や古くなったコーン油が発するにおいより、はるかに不快に感じていた。現在は水素添加により、好ましくない成分、特にアルファリノレン酸を減らしているので、こうしたにおいは大幅に減少されている。

水素添加は、金属触媒を使って不飽和脂肪酸の分子に水素ガスを送りこみ、飽和度を上げる化学工程だ。飽和度を変えることによって、植物油、特に大豆油やコーン油は酸化や腐敗臭が抑えられ、劣化せずに高温まで加熱できるようになる。植物油から作ったマーガリンとショートニングが市場を独占したのは、バターの安価な代用品を求めていた一般家庭だけでなく、食品製造業界でも使用されたためである。

これらの工業的に製造された脂肪は安価で、輸送に便利で、供給も安定しているので、食品業界にとってきわめて望ましいものになった。揚げ物のスナック食品の大部分は20〜40パーセントの油脂を含んでいるので、脂肪は工業生産される揚げ物製品の貯蔵安定性を決定するのに重要な役割を果たす。[6] こうした製品は、倉庫保管、流通、店内保管、販売にかかる数週間から数か月の間、鮮度を落とさずに長もちしなければならない。揚げ物に使われる油には、製品に要求される保存可能期間を保証する安定した品質が求められるが、部分硬化植物油を使用することで、こうした品質が可能となる。

産業用の揚げ油は、劣化することなく高温が維持されなくてはならない。

◉「トランス脂肪酸ゼロ」の代替品

もちろん、植物性ショートニングがトランス脂肪酸を含むことが明らかになると、食品業界に与える恩恵も価値を失った。ファストフード店や食品加工業者がトランス脂肪酸の少ない、あるいは含まれない油へ移行した時点で、マーガリンとショートニングの売り上げは急落した。ヤシ油や高オレイン酸の菜種油（キャノーラ油）を主な原料にした「トランス脂肪酸ゼロ」の代替品が広く採用され、大豆油の市場占有率は、２００５年から２０１０年の間に76パーセントから64パーセントまで下落している。(7)

最近になって、オレイン酸を75パーセント以上含むもの（オリーブオイルと同様の組成）など、新しいタイプの遺伝子組み換え大豆が試行されている。全米大豆協会はトランス脂肪酸の禁止に強く抵抗し、トランス脂肪酸を禁止すると飽和脂肪酸の摂取の増加をもたらし、輸入品のパーム油や菜種油（キャノーラ油）への依存度を高め、さらにエステル交換［分子レベルでの配列の組み合わせを換える技術。油脂の融点を変えることも可能］などの革新的技術が危機にさらされると主張した。部分硬化植物油の加工食品への使用が廃止されると、国内の大豆農家に16億ドルの経済的損失をもたらすと予測されている。(8) なお２０１４年時点では、アメリカの家庭と食品業界で、まだ約１００万トンの部分硬化油が使用されていた。(9)

部分硬化植物油からの転換が推進されたことに加え、健康への懸念も、いわゆる「機能性食品」の製品ラインの増加を後押ししてきた。機能性食品とは、健康上特定の効用がある成分を加えた食品を指す。たとえば、卵、飲み物、マーガリン、乳児用調製粉乳といった製品は、消費者の健康（と、多くの場合「脳の働き」）を改善するという目的で、魚油やオメガ3脂肪酸を加えて強化してある。また、コレステロールを最大10パーセント下げるとうたったマーガリンは、スプレッド市場でかなりのシェアを占めている。

この市場に最初に参入した製品のひとつが「ベネコル」で、1995年に自国フィンランドで発売されると、最初の数年で1億6500万個を売り上げた。人口わずか500万人の国で、しかも価格は従来の商品の6倍もすることを考えると、なかなかの快挙だ。[10]コレステロールを下げるマーガリンの有効成分である植物ステロールとスタノールは、植物油（大豆油、菜種油〈キャノーラ油〉、コーン油）、あるいはトール油（主に松材から紙パルプを製造するときにできる副産物）から抽出されたもので、ステロールとスタノールは腸でコレステロールの吸収を抑制すると考えられている。強化マーガリンやドリンク剤、ヨーグルトは、ステロールやスタノールを加えていない競合製品と比べ、価格は最大4倍にもなる。しかしながら、最近のヨーロッパにおける調査で、これらの製品を使用しても臨床的有益性を示す証拠はほとんどないことが確認された。[11]

クリームクリスプの広告（1919年頃）

◉「低脂肪」製品の失敗

だが、さまざまな栄養改善の中でも、最も一般的で利益が上がるのが、脂肪分の削減だ。ただし、脂肪は食品の風味や食感に不可欠であるので、脂肪の体感品質を留めながらも低脂肪な食品の生産が求められる。最も人気があるローファット食品の低脂肪乳または無脂肪乳は、加工の度合いは低いが、こうした食品でさえ、脂肪分の多い牛乳のこくや口当たりを再現するために、乳タンパク質や乳固形分が加えられている。

低脂肪食品は、同じ食品で脂肪分の多いものより空気や水分を多く含んでいることが多い。製造工程では、こくとなめらかさを感じさせるために泡や液滴をより小さく製造する必要があり、これは低脂肪のアイスクリーム、マヨネーズ、デザートにも当てはまる。[12] 他のスナック食品や加工された乳製品、ドレッシングには、脂肪の構造、不透明性、やわらかさ、粘度、なめらかさを出すために、キサンタンゴム、セルロース、ポリデキストロース、カラギーナン、デンプン、デキストリンといった増粘剤、乳化剤、充塡剤が含まれている。

1988年には、アメリカでは約2500種類の低脂肪製品が販売された。そして1992年までに、食品加工業者は毎年ほぼ2000種類のペースで低脂肪の新製品を売り出していた。[13] だが、1995年から1997年の間に5400種類以上もの新製品を発

マーガリンとバター・スプレッドが並ぶスーパーマーケットの棚（オーストラリア）

売した直後、業者は低脂肪製品のコンセプトに偏りすぎたことを自覚することになる。低脂肪や無脂肪の新製品はおいしくないと気づいた消費者が、次第に脂肪分の多い製品に戻っていったのだ。

この傾向は著しく、1997年から2000年の間に、1日の脂肪消費量は16パーセント増加した[14]。売り上げを維持するために、多くの企業は製品をより脂肪分の多いものに再編成した。たとえば、ナビスコは低脂肪もしくは無脂肪製品のスナックウェルの製造ラインを見直し、「わが社の顧客は何よりおいしさを求めているので、脂肪をあと1・5グラム増やしても、喜んで受け入れてくれるだろう」と公表した[15]。

◉新たな代替品

20世紀末、「より健康に良い」加工製品を求める声に応じて、食品業界は低脂肪製品だけでなく、革新的な方向として、代替脂肪や脂肪模倣品などの脂肪代用物質にも力を入れた。低脂肪製品とは違い、代替脂肪は風味や食感を損なわずにカロリー値を変えることが可能だ。しかしながら、トランス脂肪酸の大失態以降、健康問題を「工業的に」解決しようとするやり方に消費者の反感が強まったため、こうした製品は大きな成功はしていない。

ただひとつ代替脂肪の「ベネファット」（短鎖脂肪酸と長鎖脂肪酸を組み合わせたトリグリセリド分子、サラトリムの商標名）は、通常の脂肪が1グラム当たり9キロカロリーであるのに比べ6キロカロリー程度で、低カロリー脂肪として売り出されている。ただし最近の調査では、ベネファットは低カロリーであるという宣伝文句は疑問視されている。[16] ベネファットはさまざまなパン、乳製品、菓子類に使用されているが、揚げ物には向かない。

脂肪模倣品の中で最もよく知られているのは、P&Gが「オリーン」という商品名で売り出したオレストラだ。オレストラは1968年、未熟児でも消化しやすい脂肪を探していたP&Gの研究者が偶然発見したもので、脂肪の食感と物理的性質を模倣した、糖を主体とする化合物スクロース・ポリエステルで、カロリー値はゼロだ。これは、オレストラが胃に吸収されないためで、消化されないまま体から排出される。1袋30グラムのポテトチップスには普通約10グラムの脂肪が含まれ、総カロリーは150キロカロリーになる。だがオレストラを使用すると、脂肪は約9グラム含まれるが、わずか70キロカロリー程度だ。[17] オレストラのもうひとつの利点は、天然油脂と同じ調理特性を持っているということで、そのためファストフード、揚げ物、レストランの食事、工業食品を製造する際、あらゆる従来型油脂の代用品として使用することができる。

オリーンには明らかに利点があったにもかかわらず、P&Gはこれを市場に出すまで非常に長い苦戦を強いられた。その理由のひとつが、この種の食品には次のような重大な規制が課せられていたことだ。

脂肪模倣品の特殊な状況を考慮した食品医薬品局（FDA）は、従来のやり方では検査できない製品に対し、新たな規制基準を確立する必要に迫られた。1996年、P&Gが初めて認可を申請してから30年近くたって、塩味スナックにのみオレストラの使用が認められたが、FDAはP&Gに、製品に数種類のビタミン類を加えて強化することと、オレストラの摂取によって起こりうる副作用について「この製品にはオレストラが含まれています。オレストラによって、軟便や腹痛の症状が出ることがあります。オレストラは数種類のビタミンその他の栄養素の吸収を阻害します。オレストラにはビタミンA、D、E、Kが添加されています」との警告のラベル表示を義務づけた。

2003年、P&GはFDAに、警告ラベルの胃腸の不調に関する部分にはさしたる証拠はなく、消費者が警告を誤解して、オレストラを摂取するとビタミンがすべて吸収されなくなると思いこむ危険があるとして、ラベル表示の撤回を申し立て、認められた。P&Gはまた、この警告ラベルがオレストラの売り上げにマイナスの影響を与えると危惧したが、ラベル表示解除の許可は遅きに失したようで、P&Gはすでにこの製品を市場に出すことだけに5億ドルを費やしていた。[18] オレストラの売り上げは1999年末までに10億ドルに達すると予測されたが、実際は予測をはるかに下回り、売り上げは毎年約５０００億ドルで横ばい状態だった。[19] ベネファットと同様、オレストラも今日の消費者にあまり受け入れられなかったのである。公益科学センター（ＣＳＰＩ）などの団体が、摂取に当たっては用心するよう消費者に警告していることも、その一因になっている。

◉「本物」の復活

分子レベルで油脂の性質を化学的に変化させる改質脂肪製品、機能性食品、代替脂肪、脂肪模倣品は、「より体に良い」低脂肪食品の選択肢を増やすために考案されたが、こうした過度に加工された食品のきわめつけが、スナック類だ。ジャーナリストのマイケル・ポーランはこれを「食品」ではなく「食品に似た食べられる物質」と呼んだ。[20]

ポーランは、「リアルフード」運動の最も有名な提唱者のひとりだ。この運動の担い手は、伝統的な食や職人の手による食品の保護に尽力し、今日の工業的フードシステムによる栄養、料理、環境の衰退に反対するさまざまな団体や個人だ。リアルフード運動の賛同者たちは、現行の工業的フードシステムが健康的で栄養価の高い食生活をもたらすという概念を否定し、よりよい品質、持続可能性、地域性という価値観に基づくフードシステムを提唱している。

オリーブオイルの生産工場

「本物の食品（リアルフード）」とは本来の姿に近い食品を指し、「食品に似た食べられる物質」とは、「自然の産物というよりは工業製品と呼ぶのがふさわしいまでに加工された食品」のことだ。[21] リアルフード運動にとっては、こうした物質のひとつ「エンプティ・カロリー」［栄養価はなく、カロリーだけある食品］は、工業化された畜産や農業の過膨張と環境への悪影響を推進し、西洋人の胴回りの膨張（と、それに付きものの心臓疾患や糖尿病などの慢性病）を増大させるものだった。部分硬化植物油などの工業食品が、実際とは異なる「健康に良い食品」として売り出されていたという事実は、食品業界と現行の工業的フードシステムの倫理や安全性に対する消費者の疑念と不信感を高めた。

そして、これによって低加工食品市場が活気づいた。バターやラードが返り咲き、アメリカでの売り上げは、この40年で最高になった。[22] 低温圧搾のオリーブオイル、ピーナッツオイル、ゴマ油、サフラワー油、ヒマワリ油も売り上げを伸ばした。[23] 低温圧搾油は、化学的抽出法ではなく機械的抽出法で作られるので、菜種（キャノーラ）や大豆などの種子から油をしぼり出すのに必要な高温溶剤は使用していない。

低温圧搾油は、遺伝子組み換えオイルシードにもとってかわってきた。いくつかの概算によると、アメリカの加工食品の最大60パーセントには遺伝子組み換え成分が含まれており、その大部分は食品製造工程で使われる油脂のものだという。[24] 1990年代からモンサント社［アメリカに本社がある多国籍企業。農業用種子、農薬、化学薬品等］は、「ラウンドアップ・レディ」と呼ばれる菜種、大豆、コーンを生産している。これらの作物は、遺伝子組み換えによって、やはりモンサント社が製造する除草剤ラウンドアップに対する耐性を持っている。

遺伝子組み換えオイルの安全性への不安、企業によるフードシステム管理への反対、風や昆虫によって受粉する非遺伝子組み換え作物が遺伝子組み換え作物に汚染されるという環境的結果への懸念から、遺伝子組み換え食品に反対するさまざまな団体が声を上げはじめた。世界の多くの地域で、遺伝子組み換え食品にはラベル表示が法定要件だが、遺伝子組み換え作物の最大の生産国であるアメリカ、アルゼンチン、ブラジル、カナダ、中国には規制がない。ＥＵの一部の国とオーストラリアでは、遺伝子組み換え食品への懸念から、禁止や一時停止の措置が取られ、遺伝子組み換え作物の導入を阻止し、食用油を含む食品の代替製造法を促進している。

工業的フードシステムの持続可能性への懸念は、平飼い［鶏を柵（ケージ）に入れずに地面に放して育てる方法］や放牧による飼育、伝統的品種の食肉市場の出現にも貢献した。過去数十年、飽和脂肪酸の摂取を減らしたいという消費者の意向から、脂肪分の少ない家畜が商業市場を独占してきた。たとえば、豚肉を「もうひとつの白身肉」（白身肉とは脂肪分の少ない鶏の胸肉のこと）として売り出すには、脂肪分の少ない豚を交配させるしかなかった。

モンサント社の「ラウンドアップ・レディ」は大きな議論を呼んできた。

しかし最近では伝統的品種の豚が人気を盛り返している。小規模な農家が放牧させて育てたバークシャーやウェセックス・サドルバックといった品種は、現在一般的な品種より生育に時間がかかるが、その特徴的な厚い脂肪が肉にすばらしい風味とジューシーさを与える。

この2種類の豚はどちらも絶滅危惧種に分類されており、多くの畜産家は、このふたつの種が生き残れるかどうかは、その肉への需要の高まりにかかっていると言う。オーストラリアのウェセックス・サドルバックの畜産家イライザ・ウッドはそのジレンマを、「ウェセックス・サドルバックのベーコンを救うためには、そのベーコンを食べるしかありません」と表現している。[25]

加工食品の油脂の成分の変化、植物油の使用の増加（と動物性脂肪の使用の減少）、家畜の繁殖法の変化は、健康ブームがいかに食物連鎖を大きく変えうるかについての驚くべき例だ。健康問題に対する食品業界の「解決法」は、私たちが口にする食品、そしてその生産方法に重大な影響をおよぼしてきた。もちろんその「解決法」が、改善をめざしたはずの健康問題に正反対の効果を与える場合があるのは言うまでもない。その解決法は、私たちの体だけでなく、私たちに食品を提供するフードシステムや食品業界の姿勢に長期にわたって影響をおよぼすのだ。

ウェセックス・サドルバック種の豚

第5章◉大衆文化の中の脂肪

脂肪は、昔から健康、死、権力、退廃と結びつけられてきたこともあって、大衆文化において象徴的価値を生み出す重要な源になっている。戦時中には、子供向けの物語に脂肪分の多いぜいたくなご馳走が出てきたし、文学においては、脂肪は性的・人種的抑圧のモチーフとして描写されてきた。また最近では、テレビの料理番組やセレブリティ・シェフの影響で、脂肪を料理する、さらには食べることへの大衆の考え方が変わってきた。このように、脂肪は欲望と快楽の源であるとともに、不品行と冒瀆の対象という、象徴としての「二重生活」を送ってきた。

◉児童文学と脂肪

脂肪は、子供向けの物語では豊かさという幻想を生み出すが、これはひとつには脂肪が温かさ、栄養、そして多くの読者の日常の食生活とはかけ離れた食の体験をイメージさせるからだろう。

ケネス・グレアムの田園ファンタジー『たのしい川辺』（1908年）では、バターを塗った焼き立てのトーストが、心地よい家庭の安らぎを象徴している。ヒキガエルは災難にあい、刑務所でみじめで不運な暮らしをするが、看守の娘がバターのしたたるトーストを運んでくれたことで元気を取り戻す。たっぷり塗られた「バタは、まるで巣《す》に入っているハチミツのように、つぶになって穴の中へしみこんで」いた。これがヒキガエルに与えたインパクトは強烈だった。

このトーストは、まるで、はっきりしたことばで、いろいろなことを――晴れた寒い朝の暖かい台所だとか、夕がたの散歩をすませたあと、スリッパにはきかえた足をあたためる、いごこちのいい居間の炉の火だとか、満足そうにネコがのどを鳴らす音だとか、ねむそうなカナリヤのさえずりだとかを、ヒキガエルに話してきかせたようなものでし

た。[1]［『たのしい川べ』ケネス・グレーアム著／石井桃子訳／岩波書店より引用］

『たのしい川べ』に見られる、共同体が自然と調和して存在していた、イギリスの田舎暮らしの神秘的な黄金期の描写は、20世紀への変わり目にイギリスの都市部を襲った、人口過密と蔓延する栄養不良の苦しみのただ中にある読者の心をつかんだ。

食べ物はしばしば「児童文学のセックス」と呼ばれるが、[2] それはひとつには食べ物や食べる行為を具体的に描写する文章が延々と続き、それがフェティシズムの対象となることによる。

イギリスの児童文学作家イーニッド・ブライトンの作品には、印象的な昼食やアフタヌーン・ティー、真夜中の宴会の場面がちりばめられ、そこでは食欲旺盛な子供たちが大量のスイーツや脂肪分の多い料理をお腹いっぱい食べる。彼女の本が最も人気があったのは第2次世界大戦中と戦後で、当時の平均的な1週間分の配給は、多いときで1シリング6ペンス分の肉、砂糖220グラム、バターか油脂110グラム、卵1個にチーズ30グラムだった。これはブライトンの多くの作品に描かれた1日分の食べ物よりずっと少ない。

特に、マロリー・タワーズ学園やセント・クレア寄宿学校を舞台にしたシリーズでは、豊富な食べ物の描写が頻出する。典型的なのが『マロリー・タワーズの4年生 *Upper Fourth at Malory Towers*』（1949年）に出てくる、クラリッサの年取った乳母が用意したすばらしいアフタヌーン・ティーの場面で、ご馳走がこんな具合にずらりと並べられる。

牛タンとレタスのサンドイッチ、バターを塗ったパンと一緒に食べる固ゆで卵、できたての大きなクリームチーズのかたまり、瓶詰めの肉、ルーシー夫人のお兄さんの温室で育てた熟したトマト、焼き立てのジンジャーブレッドケーキ、ショートブレッド、表面にアーモンドを散らしたフルーツケーキ、ありとあらゆる種類のビスケットにジャムサンドが6つ！(3)

ブライトンの作品においては、ご馳走は単に豊かさの幻想だけではなく、善良さの指標でもある。惜しみなく食べ物をふるまうことは、多くの場合美徳のあかしなのである。一方、けちくささ――特にバターに関して――は、悪人の明白な兆候なのだ。『フェイマス・ファイブ』シリーズの1冊『フェイマス・ファイブ　島にいるのは誰だ！』（1944年）では、ステッキ夫人が子供たちに、「パンはかさかさで、バターは塗り足りず、それにパンが分厚すぎ」るサンドイッチをふるまう。(4) そして予想通り、彼女はのちにペテン師だと判明する。

◉『ピノキオ』『ヘンゼルとグレーテル』『ちびくろサンボ』

貧しい時代に脂肪がユートピア的な豊富さを示す物語もあれば、脂肪分の多い食品が欺瞞、危険、邪悪を象徴する物語もある。束縛を嫌ったために堕落するというテーマを取り上げた、訓話的な物語も数多く存在する。

1940年のディズニー映画『ピノキオ』は、カルロ・コッローディの『ピノキオの冒険』(1883年)を原作にしていて、反抗的な少年が「プレジャー・アイランド」に行こうと誘われる。そこでは、自由に家具を壊したり、タバコを吸ったり、想像しうるあらゆる食べ物をたらふく食べたりできる。その暴食のほとんどは脂肪たっぷりの食べ物で表され、ピノキオは片手に大きなアイスクリーム・コーンを、もう片方の手にパイを丸ごと持って食べる。だが、制限のない自由を謳歌できると思ったのは間違いだった。少年たちはそのあさましい暴食のために、最終的にロバに変身させられ、奴隷として岩塩の採掘坑やサーカスに売りとばされてしまうのだ。

グリム兄弟の『ヘンゼルとグレーテル』(1812年)でも、子供たちはその食べ物への欲のために危険を引き寄せてしまう。この物語では、ヘンゼルとグレーテルは魔女のお菓子の家に食欲をそそられ、誘いこまれる。魔女は以前捕まえた子供を食べたが、一度だけでは

『ヘンゼルとグレーテル』の魔女の太った肉への欲求は邪悪として表現される。

満足できず、ヘンゼルを太らせてから食べようと計画をめぐらす。そして食べるのを4週間遅らせ、その間彼を拘束しておいて、太らせるためにグレーテルに食事を作らせようと考える。

このまるまる太った肉への欲求は、空腹を満たすためというより、むしろ快楽のための食を意味し、魔女の救いがたい邪悪さを表現している。そしてこの邪悪さは、物語の結末でかまどの火で焼け死ぬことによってようやく抹消されるのだ。

子供向けの物語では、脂肪分の多い食べ物は、食欲を満たす喜びと危険について考えさせる媒体として使われる場合が多いが、脂肪が人種的・経済的抑圧を象徴し、それを探求する手段として使われる場合もある。

ヘレン・バンナーマンの『ちびくろサンボ』（1899年）では、南インド人の少年がトラに服を盗られることから話が発展し、最後にトラは溶けてバターだまりになってしまう。そして、サンボの家族がこのバターを集めてパンケーキを焼く。家族全員がこのご馳走で満腹になるが、特に腹ぺこだった少年はパンケーキを169枚食べてやっとお腹がいっぱいになった。その人種差別的言葉遣いと、黒人の少年を「大食らい」としたせいでこの物語は物議をかもしてきたが、サンボの大食らいは人種差別による食品分配の不平等に対する妥当な反応だと解釈することもできる。

◉ブレア・ラビット

食べ物の経済的側面はまた、ブレア・ラビットの話のような、アフリカ系アメリカ人の民話にもよく出てくるが、往々にして食べ物を盗むというプロットが含まれる。自分の服を盗んだトラに勝利する『ちびくろサンボ』とは対照的に、ブレア・ラビットはつねに相手を出し抜いてものをせしめる、トリックスター［神話や物語に登場し、詐術やいたずらで秩序を破り、物語を引っかきまわす者］である。アフリカ人やアフリカ系アメリカ人の伝承において、トリックスターはしばしば、悪党であると同時に民衆のヒーローというような、道徳的に善悪併せもつキャラクターとして描かれる。その行動を決意させるのは、自己防衛という倫理観だ。さまざまな形の征服と無力化から自分を守るために、極端な行動に走るのである。

ブレア・ラビットの話は、アフリカ系アメリカ人の奴隷の間で口伝えに広まったものだが、ブレア・ラビットのトリックスター的行動は、不平等な食品分配を含め、さまざまな形態の不平等に対する正当な反応として描かれている。これらの口伝えの物語をジョーエル・チャンドラー・ハリスが集め、『リーマスじいやの物語』（１８８１年）として出版された。この中で「ウサギどん」はしばしば、農場主の「ジョンだんな」やときには敵対者となる「キツネどん」から食べ物を盗む。すると、心優しい信頼できる友人の「ハリネズミどん」が代

『ブレア・ラビットとタールを塗った赤ん坊』E.W. ケンブルの挿絵（1904年）

金を支払ってくれるのだ。

話のひとつ『ウサギどんがバターをなめてしまった話』では、ウサギどんは、キツネどんとハリネズミどんから見つからないように遠ざかり、こっそりキツネどんのバターの分け前を食べる。バターを食べつくすと、ウサギどんはバターの残りかすを眠っているハリネズミどんの口元になすりつけ、バターの盗み食いの罪をかぶせる。追い詰められたハリネズミどんは、真犯人を決めるために「テスト」をしようと提案する。たき火をして、それを飛び越そうというのだ。盗っ人はバターで体が重くなっているから、おそらく火の中へ落ち、犯人が判明する。ウサギどんとキツネどんは楽々と火を飛び越えるが、不運なハリネズミどんは、火の中へ落ちて焼け死んでしまう。

『バターと一緒に働く』［これは『リーマスじいやの物語』には入っていない］という題で出版された話では、ウサギどんとハリネズミどんが、ジョンだんなのためにバターを木箱に詰める仕事をする。ジョンだんなから「なめたら殺す」と脅されたにもかかわらず、ウサギどんはかなりの量のバターを食べてしまう。戻ってきたジョンだんなは怒り狂い、ウサギどんとハリネズミどんに、ひざまずいて背中を太陽に向けろと命じる。こうすればバターが溶けて漏れ出し、悪事が明らかになるというのだ。ここでもウサギどんは罪を逃れようとして、溶けたバターをハリネズミどんにぬりつけるが、意外なことに、ジョンだんなにハリネズミどんの命乞いをし、ジョンだんなをうまくだまして、自分とハリネズミどんをイバラの茂みに投げこませる。そして、そこからまんまと逃げだしたのだ。

ヨーロッパの民話なら、道徳的メッセージはより明確で、ブレア・ラビットの行ないは処罰に値する罪として扱われるだろうが、ブレア・ラビットの物語では道徳性ははるかにあいまいだ。人から食べ物を盗むという性癖は、非難されるべき強欲さとしてではなく、利用できる資源からより多くの取り分を得ようとする奮闘として、そして、人種的・経済的抑圧、あるいは食に関する抑圧という不公平なシステムに対する正当な抵抗として描かれている。(5)

●映画と小説の中の脂肪

バターは大人向けの文学や映画においても、人種間の緊張が引き起こす行動の象徴的手段として機能している。映画『カワイイ私の作り方　全米バター細工選手権!』(2011年)では、アイオワ州のステートフェアでバター細工の技を競う細工師たちの対決を描くことによって、アメリカ中西部の人種差別と保守主義を風刺している。

バター細工は、1900年代からアメリカのステートフェアで人気のある出し物で、「白人の」社会活動という性質を持つが、長年チャンピオンとして君臨してきたバター細工人ボ

ジム・ヴィクトリとマリー・ペルトン作のバター彫刻、ペンシルベニア州ハリスバーグ、2013年。

ブのトロフィーワイフ〔社会的に成功した男性が、自分が勝ち組であることを誇示するために迎えた若くて美しい妻〕、ローラ・ピクラー（ジェニファー・ガーナー）にとっては、立身出世、地元の名士、公職への道を意味していた。「リベラル派のメディア」を毛嫌いしていること、ホワイトハウスをめざす野心、それに「白人で、背が高くて、美しい」ことを誇示する態度から、ローラという役は、サラ・ペイリンやミシェル・バックマンに代表されるティーパーティー運動〔2009年からアメリカで始まったリベラル派のポピュリスト運動〕の活動家のパロディだと言える。

しかし、ローラの野心は、デスティニーという名の10歳のアフリカ系アメリカ人の孤児の登場によって挫折する。デスティニーのバター細工の天賦の才能や、バター細工界の冷酷な駆け引き（「白人は変人ばかり」とデスティニーは結論づけた）に対する当惑は、了見の狭い共和党支持者の価値観を皮肉ったものだ。

トニ・モリスンの小説『ビラヴド』（1987年）では、バターは奴隷制の抑圧と性的暴力をより不穏な形で象徴している。ポールDが「スウィートホーム農園」という皮肉な名前を持つ農場で最後にハーレと会ったとき、彼はバター攪乳器のそばに座り、自分の顔にバターをなすりつけていた。バターは彼の妻が体験した性的暴力と結びついている。ハーレは学校教師の甥が残忍なやり方でハーレの妻セスの牛乳を取り上げるのを目撃し、自分の家族を守れない無能さが彼を狂気へと追い詰めるのだ。数年後、セスはスウィートホーム農園から逃げだしたとき、なぜ彼が自分と会わなかったのかを知る。今ではセスはハーレを思い出すたび、バター攪乳機の前に立っていた姿を思い浮かべる。

夫が攪乳器のそばでしゃがんでいるのも見える。奴らが盗んだ乳のことが頭から離れないものだから、固まった牛乳とバターをいっしょにして顔じゅう塗りたくっている。あの人にしてみれば、世間もあの人の苦しみを知ってくれてもいいはずなのだ。(6)［『ビラヴド』吉田廸子訳／集英社より引用］

『ビラヴド』では、バターは奴隷が人間性を奪われていた時代のハーレの苦悩を表現している。だが、バターが性的・人種差別主義的暴力の、単なる象徴というよりむしろ道具になっている作品もある。たとえば、イタリア＝フランス合作映画『ラスト・タンゴ・イン・パリ』（1972年）では、バターはアナルレイプのシーンで潤滑油に使われている。アメリカ人のポールがフランス人女性ジャンヌにアナルセックスを強要し、自分のあとについて「子供はウソをつくまで責められる……抑圧で意志は打ち砕かれ……自由は抹殺される」と繰り返せと言う。この映画は、フランス軍がアルジェリア人を性的・人種差別主義的暴力で苦しめた事実にそれとなく言及しているが、ポールのジャンヌに対する仕打ちもそのひとつだ。

しかし、他の評判の良い作品の中には、こうしたバターにまつわる堕落のイメージが陽気な雰囲気によって和らげられているものもある。アメリカ映画『ジュリー&ジュリア』(2009年)では、バターは味覚的快楽の究極の表現とされている。この映画は、メリル・ストリープ演じるアメリカの料理番組の第一人者、ジュリア・チャイルド(1912〜2004年)の人生を描いている。初めて舌ビラメのムニエルを目の前にしたとき、彼女はそのおいしそうなにおいを胸いっぱいに吸いこみ、うっとりと「バターね」とつぶやく。

一方、ニューヨークの元小説家志望、ジュリー・パウエル(エイミー・アダムス)は、チャイルドの『フランス料理の作り方 *Mastering the Art of French Cooking*』に載っているレシピを全部作ってみようと決意する。食品のストックを調べるために冷蔵庫を開けると、バターがいっぱい詰まっている。それを見たジュリーは、こんなに多量のバターを使って料理できるとは、なんてすばらしいことだろうと思い、こうつぶやく。

バターに勝るものがあるだろうか? 死ぬほどおいしい料理に出会ったら、隠し味は何か聞いてみて。答えはひとつ、いつだってバターだ。隕石が地球に接近。あと30日の命なら、私はバターを食べる。そこで結論。バターは多ければ多いほどおいしい。[映画

スミソニアン自然史博物館に展示されているジュリア・チャイルドのキッチン

（『ジュリー&ジュリア』字幕より）

映画の最後に、ジュリーはジュリアのキッチンが保存されているスミソニアン自然史博物館を訪れ、ジュリアへの最後の「プレゼント」として、その写真の前にバターのかたまりを置く。

◉テレビアニメの中の脂肪

だが、架空のキャラクターや料理関係の著名人の中でも、バターへの愛にかけては、テレビアニメ『ザ・シンプソンズ』（１９８９〜）のホーマー・シンプソンにかなう者はないだろう。ホーマーの食生活は、『ザ・シンプソンズ』でも容赦なく嘲笑されている。彼が異様に脂肪分の多い食べ物を好むようすは、過剰消費を特徴とするアメリカ文化を皮肉っているのだ。

あるエピソードでは、ホーマーが「宇宙時代の、この世のものとは思えないほどおいしいムーンワッフル」――表面全体にバターを塗ったキャラメルワッフル――を作るために教会をサボる。ホーマーはこの胸が悪くなるような食べ物を飲みこんで、「うーん、こりゃ太り

ホーマー・シンプソンのとんでもなく脂っこい食べ物への食欲は、アメリカ文化の過剰さを風刺している。

そうだ」と言う。また、バターがしたたる500グラムの牛ひき肉、ベーコン、ハム、目玉焼きが入ったグッドモーニング・バーガーの広告を見て、ホーマーがよだれを垂らすエピソードもある。

『キングサイズのホーマー』では、ホーマーは体重を28キロ増やす計画に着手する。在宅勤務がしたくてたまらず、勤め先の就業不能資格を満たしてやろうという魂胆だ。彼はニック・リビエラ医師のもとを訪れる。リビエラ医師はハリウッド・アップステアズ医科大学の卒業生で、ホーマーに「食品摩擦試験」を紹介する。「いいかい、もし何かについて確信がもてなかったら、それを紙にこすりつけるといい。もし紙が透明になったら、それは体重増加に役立つ」とリビエラ医師。ホーマーと息子のバートはクラスティ・バーガー店でフィッシュバーガーを使ってこのメソッドを試す。バーガーを壁にこすりつけると、レンガ壁が透明な窓に変わる。

ホーマーの見境のない、飽くことを知らぬ食欲は、燃費の悪いSUV車と同様に、アメリカの白人中間層の飽くなき過剰消費の象徴である。それはまた、ホーマーの体型のグロテスクなまでの巨大さで表される、卑しむべき物質性を反映している。『キングサイズのホーマー』では、大幅に体重が増えたために、彼はほとんど一日中家に閉じこめられ、ばかげた花柄のムームーを着て、指が太すぎて電話もかけられなくなってしまう（だが最終的には、ホーマーはその巨大なお尻でスプリングフィールドの原子炉の漏れ口を塞ぎ、町を救うのだ）。

◉現代美術の中の脂肪

脂肪の卑しむべき性質は、現代美術でも探求の的になっている。現代美術において、脂肪は変動、流動、社会が身体に課した制裁を表してきた。たとえば、フェミニストのパフォーマンスアートでは、脂肪はしばしば、女性の欲望の探求や、女性美の文化的解釈の批判に使われる。

1990年代には、自分の体を使って女性の現状を表現したり、強調したりするアーティストが多数現れた。ジャニン・アントニの『Gnaw《ナー》（かじる）』（1992年）は、彼女がロードアイランド・スクール・オブ・デザインを卒業後、最初に発表した作品だ。ひとつ270キロのチョコレートとラードの立方体には、どちらもかじったような跡がついている。そばに置かれた「リップスティック／フェニルエチルアミン　展示」というタイトルのガラスの陳列ケースには、数十個のチョコレートと赤い口紅が入っていて、それはかじって、かみ砕いて、吐き出したチョコレートとラードを表している。ふたつの巨大な立方体には、アントニの歯、口、鼻、あごの型がついていて、典型的な女性の欲望のシンボルであるチョコ

ジャニン・アントニ作『Gnaw（ナー）』（1992年）

レートや口紅と並べて置かれており、「女性」を「かじる」という動作をする原始的な口として、「女性的」という概念を甘い菓子とつやのある口紅で表現している。

美術評論家でキュレーターのローラ・ヘオンは、『ナー』が強調しているものを、「ふたつの立方体を乱暴に貪るという（アントニの）行動と、『淑女の』口がすべきことへの期待との間の不均衡」と表現した。(7)

脂肪を浪費という創造的可能性の追求に使っているアーティストもいる。オーストラリアの美術家ステラークとニナ・セラーズの共同制作による『ブレンダー』（2005年）では、この作品のために脂肪吸引処置を受けたふたりのアーティストの4・6リットルの脂肪（ステラークの胴体とセラーズの脚から取り出したもの）を含む体内の流動物を、ふたつの容器がリズミカルにポンプでくみ上げている。

『ブレンダー』は消化を含む「身体機能の詩的な物質性」(8)を表現していると評されるが、この作品は「余分な」物質を使って、新しいテクノロジカルな「体」を創造している。そしてその新しい体の中では、個々の身体間で生化学的な液体の交換が行なわれ、それによって従来の個人の体の境界や枠が取り払われ、新たに形成され、再認識される可能性が強調されている。

ドイツの現代美術家ヨーゼフ・ボイスの作品では、脂肪の卑しむべき物質性は、物質が持

ニナ・セラーズと『ブレンダー』（2005年）

つ変革的・儀式的潜在能力への接点として再認識されている。

ボイスは1960年代と1970年代のドイツにおいて、芸術家としてだけではなく、社会活動においてもリーダーとして人々に影響を与えた。彼が初めて彫刻作品に脂肪を使ったのは1960年代初頭だった。これらの作品の中で、脂肪――昔から不品行や浪費と結びつけられてきた物質――は癒やし、温かさ、物質界の無秩序なエネルギーの象徴として使われている。

彼の作品のテーマや題材の多くは、ある出来事によってインスピレーションを与えられたもので、彼はその出来事を、天地創造神話のようにフィクション化して語っている。第2次世界大戦中、ボイスはドイツ空軍の急降下爆撃機の搭乗員だったが、1943年にクリミア半島上空で墜落したとき、遊牧民のタタール人に命を救われた。タタール人は雪の中で意識を失っている彼を発見し、冷え切った体に体温が戻るよう、彼の体に脂肪を塗り、フェルトでくるんでくれた。

のちに、彼は実際にはドイツ軍兵士に救助され、脂肪もフェルトもなしに軍の病院へ運ばれたことが判明したが、それでもこの物語は、彼のほとんどの作品にとって重要なモチーフでありつづけた。

個人的なトラウマというテーマは、『バスタブ』(1960年)などの作品に現れている。

ボイスが子供の頃に使っていたバスタブに、絆創膏と脂肪をしみ込ませたガーゼが貼りつけてある。彼の多くの作品と同様、これが表現しているのはトラウマそのものではなく、トラウマの癒やしである。トラウマは、ガーゼ、絆創膏、脂肪という癒やしを与える物質によって表現されている。ボイスにとって、脂肪はつねに生命と温かさの象徴である。なぜなら柔軟に形を変え、熱に反応する脂肪の性質や、固体と液体の間で変化する能力は、物質の変革を起こすパワーを体現しているからだ。

ボイスが脂肪を彫刻に使ったことは『ファット・コーナー（Fat Corner）』シリーズ（1960〜62年）によって知られており、中でも有名な作品は『ファット・チェア（Fat Chair）』（1964年）だ。『ファット・コーナー』では、脂肪の大きなかたまりが部屋の四隅に置かれている。脂肪はその可塑《かそ》性から、カオスの物質的具現となり、凝縮された幾何学的空間は現代社会の極端なまでの合理性を模している。

『ファット・チェア』――座面に脂肪のかたまりを置いた椅子――は、脂肪と人間の消化・排泄過程とを結びつけることで、私たちと物質性との（往々にしてずれた）関係を強調している。この作品のドイツ語のタイトル『Fettstubl』には、糞便の婉曲表現である stubl（排泄物）が含まれている。

ヨーゼフ・ボイス『Fettstubl（ファット・チェア）』（1964年）

◉テレビの中の脂肪

脂肪は、さまざまな形態の大衆文化の表現において複雑な含意——生気を与えると同時にグロテスクであり、好ましいものではあるとともに卑しむべきもの——を持つ一方で、食べ物やライフスタイルを扱ったテレビ番組では、明快に楽しさだけを提供している。西洋のヘルスケアの専門家たちが、食事から脂肪を削減あるいは除去するよう促しはじめてから数十年たち、近年では、テレビでセレブリティ・シェフたちがバターやラードの使用を推奨するにつれて、脂肪は食の快楽の源として人気が高まっている。

イギリスのテレビの料理番組『トゥー・ファット・レイディーズ（ふたりの太ったレディたち）』のシェフ、クラリッサ・ディクソン・ライトとジェニファー・パターソンは、ゴールデンタイムの料理番組とベストセラーの料理本で、多量のバター、ラード、牛脂、ベーコン、クリームを使った先駆者だ。1990年代に人気があった「レディ」たちは常識をものともせず、自分たちの肥満ぶりや、お祭り騒ぎのような暴飲暴食のレシピを大いに楽しんだ。

そのレシピ集『ふたりの太ったレディたちがやってきた *The Two Fat Ladies Ride Again*』の裏表紙には、「ふたりは脂肪恐怖症の人間を笑いとばす」と書かれ、同じシリーズの『ふたりの太ったレディたちのお気に入り *Two Fat Ladies: Obsessions*』にはチキン・エルサレムのレシピが載っているが、その食材には、チキン、アーティチョーク、115グラムのバター、600ミリリットルのダブルクリーム［乳脂肪分約48パーセントの濃厚なクリーム］が含まれる。彼女たちは、高脂肪の食品は人生の大きな喜びと慰めであると信じており、ディクソン・ライトはあるとき、ダブルクリームは抗うつ剤のプロザックより気分を高めると評した(9)。

1999年、番組がシリーズ第4弾を撮影中にパターソンが癌で死去したとき、『デイリー・テレグラフ』紙の死亡記事は、彼女たちが脂肪を大量に使ったことを、「人生は楽しむべきものという不屈の精神のあかし」と書いた。

イギリスの料理研究家ナイジェラ・ローソンのテレビ番組と料理本もまた、食の悦楽を前面に押し出している。その中でローソンは、しばしば食べ物の官能的悦楽とセックスとの関係を冗談まじりに話している。彼女はセクシーで誘惑的なそぶりで、自分が作った料理を食べてはうれしげに「ううん」とうなり、番組の終わりにはその日の料理の残り物を（しばしば夜に冷蔵庫の前に立って）楽しげに口に入れ、「つまみ食い」は女性の「後ろめたい喜び」だと言って締めくくる。

「ふたりの太ったレディたち」の場合もそうだが、この喜びを得るために脂肪分を減らす必要はない。バターやクリームを使っておいしいものを作り、現代社会のストレスやプレッシャーから逃れればいいのだ。ローソンは2012年にはテレビ番組『ナイジェリシマ

Nigellissima』で脂肪たっぷりのデザートを数多く紹介し、ヘルスケアの専門家たちに衝撃を与えた。たとえば、チョコレートとヘーゼルナッツのチーズケーキは、ホールで7000キロカロリー、1切れ583キロカロリーあり、アイスクリーム・ブリオッシュ・サンドイッチは2145キロカロリーもあって、女性の1日の推奨摂取カロリーをはるかに超える。[10]

事あるごとに起こる批判にもかかわらず（というより、そのおかげで）、料理と悦楽とつつしみのなさを組み合わせたローソンのやり方は大きな利益を上げ、このセレブリティ・シェフは、本の売り上げだけで4330万ポンドを稼いだという。[11]

テレビ番組を持つアメリカ人シェフ、エメリル・ラガスも、同じやり方で成功している。彼の番組『エメリル・ライブ』は、ケーブルテレビ「フード・ネットワーク」で1997年から2008年まで11年間、平日の夜に放映された。彼は労働者階級の男性は食生活指針などは問題にしていない傾向があると考え、ソーセージ、ベーコン、ラード、クリーム、チョコレートなど、脂肪分の多い食材で作るレシピを用意した。

また、「Pork Fat Rules（ポーク・ファット・ルールズ）」［本物のラードを使おうというラガスの提唱］というフレーズを流行させたことでも知られ、このフレーズは臓物ソーセージ、ハラペーニョ（メキシコ産唐辛子）の臓物詰め、ダーティー・ブラックアイド・ピーズ（「汚れた黒目豆」。豆に肉やスパイスを加えた後の料理の外見から名づけられた）、豚肉のミートボールなど、脂肪分の多いレシピを紹介する回の「エメリル・ライブ」のタイトルにもなり、ラガスの活気あふれる人柄が、脂肪を食べる喜びをいっそう盛り上げた。

ラガスにとっておいしい食べ物とは、充実した人生の中心にあるべきもので、「栄養お目付け隊」の怒りをしずめるためにあきらめるべきものではないのだ。

ポーラ・ディーンが作った数々の斬新なレシピでも、脂肪は主役を演じている。ディーンはアメリカのケーブルテレビ「フード・ネットワーク」の料理番組の司会者として人気が高く、インターネットでも彼女を「バター・クイーン」と称したパロディ動画が数多くアップされている。彼女のレシピには、ラザニアの揚げ物、クランベリーソース入りフリッター、つくねの揚げ物、バターボールのフライなどがある。

脂肪分の多い食品の驚くべき潜在能力については、「おバカたちのキッチン[12]」と評されるオンラインの料理番組『エピック・ミール・タイム』において、行きつくところまで行った感がある。このシリーズは650万人超の加入者を持ち、動画の視聴回数は7億回を超えるが、男性のグループが高脂肪、高カロリーの食品からとんでもない料理を作るようすを追うというものだ。

「ファストフード・シェパーズパイ」のレシピは、マクドナルドのダブルチーズバーガー10個、マックチキンサンド10個、それにダブルチーズバーガー20個とジュニアチキンサンドイッチ20個で作ったパテ、ベーコン1・3キロ、チーズ、フレンチフライから成る。番組の「脂肪カウンター」によると、この料理は1万1150キロカロリーで、脂肪は796グラムだ。

同じくエピック・ミール・タイムの「ファストフード・ラザニア」の材料は、ビッグマック15個、ウェンディーズのベーコンネーター15個、A&Wのティーンバーガー15個、多量のベーコン、ミートソース、チーズで、こちらは6万2948キロカロリー、脂肪はなんと5298グラムだ。この番組は、たいてい男性たちが完成した料理をたっぷり口に放りこみ、ジャックダニエルをがぶ飲みして流しこむ場面で終わる。

エピック・ミール・タイムの暴食の場面を見ていると、何世紀も前の貴族の祝宴のようすが思い浮かんで感慨深い。ただし、現在では、脂肪は権力を誇示する手段というより、娯楽の提供源ではあるが。

社会的序列を示す道具に始まり、栄養、健康、食品産業の倫理に関する議論の的となり、現代の大衆文化においては快楽、批評、喜劇の提供源へと至るこれはおそらく、本書がたどる脂肪の旅にふさわしい終着点と言えるだろう。脂肪は、平凡ではあるが、毎日の生活に欠かせない食品で、豊富な象徴的レパートリーを提供している。これにより、文化においても、料理においても、想像力をかきたてる、魅力的な立ち位置を獲得しているのだ。

謝辞

本書の調査には、オーストラリア研究評議会（DE140101412）とタスマニア大学の環境問題研究団体から支援をいただいた。アンドリュー・F・スミスとマイケル・リーマンには、The Edible シリーズへの執筆の機会を与えていただいたことに感謝申し上げる。ジョージ・フィリポフには、「脂肪」に関する多量の資料を送ってくれたことと、第3章の基礎となる医学文献の理解を助けてくれたこと、エレン・ホーリーとジョン・チアンキ、ピーター・ウェルズには、本書のための画像の確保と画像掲載許可の取得を助けていただいたことに感謝したい。ハンナ・スタークには草稿に有益なフィードバックをいただいたこと、シモン・クープには私とともに脂肪への奇妙ですばらしい旅をしてくれたことに感謝を捧げたい。

訳者あとがき

本書『脂肪の歴史 *Fats: A Global History*』は、イギリスの Reaktion Books が刊行している The Edible Series の一冊です。このシリーズは2010年、料理とワインに関する良書を選定するアンドレ・シモン賞の特別賞を受賞しました。

著者のミシェル・フィリポフは現在タスマニア大学でジャーナリズム、メディア、コミュニケーション学の上級講師として、主にマスメディアにおけるフード・ポリティクスを研究しています。「アグレッシブでエクストリーム」な音楽ジャンル、デスメタルを取り上げた著書（*Death Metal and Music Criticism*）もあり、本書で紹介されている前衛美術へのつながりを感じさせます。

「食の図書館」シリーズには、『オレンジの歴史』や『サンドイッチの歴史』など、目にした人が思わずほほ笑んでしまうような、人気の食品が並んでいます。

ところが、脂肪――どうも嫌われ者のようです。食品として口にするときは後ろめたさがつきまとい、体脂肪率が数パーセント増えるだけで絶望感におそわれます。

それでも翻訳を進めていくうち、脂肪に対する印象はどんどん変化していきました。歴史を見ていくと、そのほとんどの期間、脂肪は人類が生存するのになくてはならない貴重な食品でした。そして、大昔から人間は、世界各地で油脂を工夫して使い、数々の美食を生み出してきました。脂肪のおかげで人間の生活はどれほど豊かになったことでしょう。それを思うと、最近の評価はちょっと気の毒な気がします。

良好と思われた人間と脂肪の関係ですが、その歴史にナポレオン3世が登場するあたりから、雲行きがあやしくなってきます。そして、現在では、脂肪に限ったことではありませんが、「本当に体に良いもの」を選択することが、とても複雑で困難になっています。

じつは私も、認知症とダイエットに効果があると話題になったココナッツオイルを入手し、毎日摂取していました。ところが、ココナッツオイルは「体に悪い」とされている、飽和脂肪酸の含有量が多い食品であることを知りました。飽和脂肪酸の摂取量が多いと心筋梗塞など心疾患のリスクが高まるそうです。どうしましょう?

結論を言うと、ココナッツオイル（ただし、オーガニックのエクストラバージン・ココナッツオイルに限られるそうですが）に含まれているのは、飽和脂肪酸の中でも中鎖脂肪酸という「善玉」なので、「体に悪い」食品には当たらないとのこと。ちょっと胸をなでおろしました。

脂肪の味わいを活かした和食の代表として、著者は大トロのスシと天ぷらを挙げています。他にも霜降り肉のすき焼き、ロース肉のトンカツ、脂ののったサンマの塩焼きなど、まだまだありますね。人生に食の喜びと奥深さをもたらしてくれる脂肪——。本書を、脂肪と上手に付き合っていくきっかけにしていただけたら幸いです。

最後になりましたが、本書の翻訳にあたっては、原書房の中村剛さん、オフィス・スズキの鈴木由紀子さんに多大なご助言をいただきました。心よりお礼を申し上げます。

２０１６年10月

服部千佳子

写真ならびに図版への謝辞

図版の提供と掲載を許可してくれた関係者にお礼を申し上げる。

Image courtesy of The Advertising Archives: p. 109; © Janine Antoni; courtesy of the artist and Luhring Augustine, New York: p. 147; Ari N/Shutterstock. p. 111; the author: pp. 116; Bibliotheque des Arts Decoratifs, Paris, France/Archives Charmet /Bridgeman Images: p. 27; Bigstock.com: p. 21 (Banet), p. 83 (flippo), p. 126 (Samphire), p. 138 (Delmas Lehman), frontispiece (digitalista); © Bidouze Stéphane/Dreamstime: p. 66; © Paul Brighton/Dreamstime: p. 63; © Mary Ebersold/Dreamstime: p. 70; Eide Collection, Anchorage Museum, B1970.028.17: p. 12; © Ermess/Dreamstime: p. 46; ffolas/Shutterstock: p. 61; Fran/www.CartoonStock.com: p. 89; © Getty Images/ FOX Image Collection: p. 144; © Gillrivers/Dreamstime: p. 57上; iStock.com/ookpiks: p. 42; Kamira/Shutterstock: p. 19上; khanbm52/Shutterstock: p. 124; Tina Larsson/Shutterstock: p. 92; © David Lloyd/Dreamstime: p. 44; © Carlo Mari/Age Fotostock: p. 15; Mary Evans Picture Library: p. 102; Jorgen McLeman/Shutterstock: p. 132; Michal Modzelewski/Shutterstock: p. 57下; Juanan Barros Moreno/Shutterstock: p. 121; National Galleries of Scotland and Tate. Acquired jointly through The d'Offay Donation with assistance from the National Heritage Memorial Fund and the Art Fund 2008. © Joseph Beuys/Bild-Kunst. Licensed by Viscopy, 2015: p. 152; © Racorn/Dreamstime: p. 60; Scientific American: p. 101; image courtesy of Nina Sellars: p. 149; SofiaWorld/Shutterstock: p. 93; Tobik/Shutterstock: p. 33; © Snapgalleria/Dreams time: p. 78; © Robin Thom: p. 35; © Virp13/Dreamstime: p. 49; Kelvin Wong/Shutterstock: p. 59; © Worldwide News Ukraine: p. 55.

Frigorbox, the copyright holder of the image on p. 53 has published it online under conditions imposed by a Creative Commons Attribution-Share Alike 2.0 Generic license; Benjamin Preciado, the copyright holder of the image on p. 40 has published it online under conditions imposed by a Creative Commons Attribution-Share Alike 4.0 International, 3.0 Unported, 2.5 Generic, 2.0 Generic and 1.0 Generic license and GNU Free Documentation License; Matthew Bisanz, the copyright holder of the image on p. 142, has published it online under conditions imposed by a Creative Commons Attribu-

参考文献

Barer-Stein, Thelma, *You Eat what You Are: People, Culture and Food Traditions* (Toronto, 1999)

Fernández-Armesto, Felipe, *Food: A History* (London, 2002)

Grigson, Jane, ed., *World Atlas of Food: A Gourmet's Guide to the Great Regional Dishes of the World* (London, 1974)

McLagan, Jennifer, *Fat: An Appreciation of a Misunderstood Ingredient, with Recipes* (New York, 2008)

Nestle, Marion, *Food Politics: How the Food Industry Influences Nutrition and Health* (Berkeley, CA, 2002)

Newton, David E., *Food Chemistry* (New York, 2007)

Schleifer, David, 'The Perfect Solution: How Trans Fats became the Healthy Replacement for Saturated Fats', *Technology and Culture*, LIII (2012), pp. 94-119

Tannahill, Reay, *Food in History* (New York, 1988)

Taubes, Gary, *Good Calories, Bad Calories: Fats, Carbs and the Controversial Science of Diet and Health* (New York, 2008)

Toussaint-Samat, Maguelonne, *A History of Food*, trans. Andrea Bell (Malden, MA, 1994)

レシピ集

◉バター

ダブルクリーム*…500ml
塩…適宜
冷水
*乳脂肪分が約48パーセントの濃厚なクリーム

1. クリームを，固体（バター脂）と液体（バターミルク）に分かれるまで泡立てる。
2. バターミルクを取り除き，捨てるか別の用途（たとえばスコーン作り）のために保存する。
3. バターを冷水に浸してすすいでからぎゅっと押し，水分を完全に取り除く。
4. 好みで塩を加える。

◉マヨネーズ

卵黄…2個分（60gの卵を使う）
白ワインビネガー…小さじ2
塩，コショウ
菜種油（キャノーラ油）などの中性油…250ml

1. 卵黄とビネガーを混ぜ，好みで塩とコショウを加える。
2. 泡立て器かハンドミキサーを使い，少しずつ油を加えながら，硬く，白く，クリーム状になるまで攪拌する。

◉ホットウォーター・ペストリー（お湯で作るパイ・タルト生地）

（大きなパイ1個分／10人前）
中力粉…575g
塩…小さじ½
水…220ml
ラード…200g

1. 中力粉と塩をボウルに入れる。
2. 片手鍋に水とラードを入れて沸騰させ，ボウルに加える。
3. 混ぜ合わせて，種が手でさわれるまで冷めたら（まだかなり温かい），粉をふった板の上でなめらかになるまでこねる。
4. すばやく適当な形に成形する。

◉砂糖入りのサクサクしたペストリー

（28センチのタルト型1個分）
中力粉…220g
無塩バター…110g
砂糖…30g
卵（中）…1個

冷水
1. 中力粉，バター，砂糖をボウルに入れる。
2. バターを小麦粉にもみこむようにしながら，細かいパン粉のようになるまで混ぜる。卵と冷水を加え，生地をまとめる。
3. 生地がなめらかになるまで，手早く，やさしくこねる。生地を冷やしてから適当な形に成形する。

……………………………………………

◉ジョエル・ロブションのジャガイモのピュレ

(6人分)
フラワリー・ポテト*…1*kg*
温めた牛乳…100*ml*
冷やしたバター…200*g*（さいの目切り）
*デンプン質が多く，ほくほくしたジャガイモ

1. ジャガイモをゆでる。
2, ジャガイモがやわらかくなったら，ポテトライサーにかけてつぶしてから，裏ごし器にかける。
3. 牛乳を加えたら，弱火にかけてバターを少しずつ加える。
4. バターが溶けて混ざったら，泡立て器でポテトが軽く，ふわっとなるまで混ぜる。

……………………………………………

◉アカラジェ（ブラジルの黒目豆のフリッター）

黒目豆…400*g*
タマネギ…1個（みじん切り）
干しエビを細かくしたもの…30*g*
塩，コショウ
デンデ（パーム）油…揚げ油用

1. 豆を一晩水に浸しておき，外皮をむく。
2. フードプロセッサーまたはすり鉢とすりこぎを使って，豆をすりつぶす。
3. タマネギ，干しエビ，お好みで塩，コショウを加える。
4. 混ぜたものをしっかり叩く。
5. 油が熱くなったら（180～190℃ぐらい)，生地をスプーンですくって落とす。生地がふくらんで，きつね色になるまで揚げる。
6. ペーパータオルの上で油を切る。昔ながらの食べ方は，ブラジル風チリソースを添えて，熱いうちに出す。

……………………………………………

◉オリボレン（オランダのドーナツ）

ドライ・アクティブ・イースト*…小さじ1
温めた牛乳…120*ml*
中力粉…150*g*
砂糖…大さじ1.5
溶かしバター…大さじ1

卵…1個
レモンの皮…¼個分
塩
レーズン…大さじ2（ラム酒に一晩浸しておく）
植物油…揚げ油用
*予備醱酵が必要なドライ・イースト

1. イーストを温めた牛乳に入れて醱酵させる。
2. 中力粉，溶かしバター，卵，レモンの皮，塩ひとつまみをボウルに入れて混ぜる。
3. 生地に牛乳を加え，さらにラム酒に浸しておいたレーズンも加える。
4. 温かい場所に置き，生地が2倍にふくれたら混ぜ，もう一度ふくらむまで待つ。
5. 生地をスプーンですくって熱した油（180～190℃ぐらい）の中へ落とす。
6. 両面を3～4分ずつ，きつね色になるまで揚げる。
7. ペーパータオルの上で油を切り，粉砂糖を振る。

●麻辣火鍋（マーラーフオグオ）

フューシャ・ダンロップ著『四川料理 Sichuan Cookery』（ロンドン，2001年）をアレンジしたもの。

（4～6人分）
乾燥唐辛子…50*g*
ピーナッツオイル…100*ml*＋大さじ3
牛脂…200*g*
四川豆板醤…100*g*
豆鼓…40*g*
生ショウガ…40*g*（薄切り）
ビーフストック…1.5リットル
氷砂糖…15*g*
紹興酒…90*ml*
四川胡椒（花椒）…5*g*
塩

1. 乾燥唐辛子を大さじ3のピーナッツオイルに浸し，引き上げて取りのけておく。
2. 中華鍋に牛油と残りの100*ml*のピーナッツオイルを入れ，弱火で牛脂が溶けるまで温める。
3. 強火にして豆板醤を入れ，油脂が深紅色になるまで炒める。
4. 豆鼓とショウガを加え，香りが出るまで手早く炒めつづける。
5. ビーフストックを加え，煮立ったら砂糖，紹興酒，唐辛子，四川胡椒，お好みで塩を入れ，15～20分間コトコト煮こむ。
6. スープができ上がったら，熱いスープの中に肉，モツ，野菜，豆腐などの具を入れる。

●ファソラキャ・ラデレス（インゲン豆の蒸し煮）

(2～3人分)
タマネギ…1個(みじん切り)
オリーブオイル…60*ml*
トマト…220*g*(角切り)
パセリのみじん切り
塩，コショウ
インゲン豆…450*g*
ジャガイモ(中)…1個(角切り)

1. タマネギをオリーブオイルで炒める。
2. トマト，パセリ，塩，コショウを加え，煮立たせる。
3. インゲン豆とジャガイモを加え，やわらかくなるまでコトコト煮こむ(約1時間)。

……………………………………………

◉アトキンス博士の桃とクリームのオムレツ

ロバート・C・アトキンスの『図解付きアトキンスの新しいダイエット料理本 *The Illustrated Atkins New Diet Cookbook*』(ロンドン，2004年)41ページの料理をアレンジしたもの。

(4人分)
フルファット・クリームチーズ…220*g*
卵(大)…8個
ダブルクリーム…60*ml*
甘味料…大さじ1
塩
バター…30*g*
缶詰の桃，または桃を甘く煮たもの…大さじ5(角切り)

1. クリームチーズ，卵，ダブルクリーム，甘味料，塩ひとつまみをボウルに入れて混ぜ合わせる。
2. 大きめのフライパンにバターを入れて熱し，オムレツ生地を加えて加熱する。
3. 中央が固まってきたら，桃をスプーンですくって中央に置き，生地を半分に折って両端を重ねるようにかぶせる。
4. フライパンからすべらせるように皿へ移す。

……………………………………………

◉プルクルト(ハンガリーのシチュー)

(5～6人分)
タマネギ…1個(みじん切り)
ラード…大さじ2
スイートパプリカパウダー…大さじ山盛り1
塩…小さじ2
赤身肉…1*kg*(角切り)
トマト(大)…1個(皮をむいてさいの目切り)
青ピーマン…1個(角切り)

1. タマネギをラードで炒める。
2. パプリカパウダーと塩を入れて混ぜ，肉を加える。
3. 必要に応じて水を大さじ2，3杯加えながら，弱火で肉に火を通す。

4. 肉がやわらかくなってきたら，トマトとピーマンを加え，さらに肉がやわらかくなるまで煮る。シチューが焦げない程度まで煮汁を煮詰める。昔ながらの食べ方は，バターで炒めたパスタを添える。

....

◉ポーラ・ディーンのバターボールのフライ

ウェブサイト www.pauladeen.com のレシピ（アクセス日：2014年8月14日）をアレンジしたもの。

無塩バター…100g
クリームチーズ…55g
塩，コショウ
中力粉…120g
溶き卵…1個
味付けパン粉…120g
揚げ油

1. バター，クリームチーズ，塩，コショウを電動ミキサーに入れ，なめらかになるまで泡立てる。
2. 小さめのアイスクリームスクープかメロンボーラーを使って，バター生地を1インチ（約2.54センチ）のボールに成形する。天板の上で形を整え，冷凍庫に入れて固める。
3. 凍ったボールに小麦粉をまぶし，溶き卵に浸し，パン粉をまぶしてから，もう一度冷凍庫に入れる。
4. 熱した油（180℃ぐらい）に入れ，うすいきつね色になるまで10～15秒間揚げる。
5. ペーパータオルの上で油を切り，スナックあるいは前菜として出す。

注

第１章　権力と特権——脂肪の歴史

(1) Loren Cordain et al., ‘Plant-Animal Subsistence Ratios and Macronutrient Energy Estimations in Worldwide Hunter-gatherer Diets’, *American Journal of Clinical Nutrition*, LXXI (2000), pp. 682-92.

(2) Miki Ben-Dor et al., ‘Man the Fat Hunter: The Demise of *Homo erectus* and the Emergence of a New Hominin Lineage in the Middle Pleistocene (ca. 4ookyr) Levant’, *PLOS One*, VI/I2 (2011), pp. 1-12.

(3) Vilhjalmur Stefansson, *The Faf of the Land* [1956] (New York, 1960), p. 31.

(4) John D. Speth, 'Seasonality, Resource Stress, and Food Sharing in So-called “Egalitarian” Foraging Societies', *Journal of Anthropological Archaeology*, IX (1990), pp. 148-188.

(5) Felipe Fernández-Armesto, *Food: A History* (London, 2002), p. 120.

(6) Roy Strong, *Feast: A History of Grand Eating* (London, 2003), p. 88.

(7) Paul Lacroix, *Manners, Customs, and Dress during the Middle Ages, and during the Renaissance Period* (New York, 1874), p. 73.

(8) Kathy L. Pearson, ‘Nutrition and the Early-Medieval Diet’, *Speculum*, LXXII (I997), pp. 1-32.

(9) Stewart Lee Allen, *In the Devil’s Garden: A Sinful History of Forbidden Food* (Edinburgh, 2002), pp. 249-50.

(10) Christopher E. Forth, ‘The Qualities of Fat: Bodies, History, and Materiality’, *Journal of Material Culture*, XVIII/2 (2013), pp. 135-154.

第２章　脂肪はおいしい

(1) Fuchsia Dunlop, *Sichuan Cookery* (London, 2003), p. xliv.

(2) Rachel E. Gross, ‘Keepers of the Oil: The Science of Fried’, www.the-sieve.com, 3 October 2013.

(3) Carey Polis, ‘John Alleman Dead: Heart Attack Grill Unofficial Spokesman Dies from Heart Attack’, *Huffington Post*, 13 February 2013.

第3章　栄養学 対 脂肪

（1） Ancel Keys et al., 'The Diet and 15-year Death Rate in the Seven Countries Study', *American Journal of Epidemiology*, CXXIV（1986）, pp. 903-915.

（2） 'Medicine: The Fat of the Land', *Time*（13 January 1961）, pp. 30-34.

（3） Norman Jolliffe, 'Fats, Cholesterol, and Coronary Heart Disease: A Review of Recent Progress', *Circulation*, XX（1959）, pp. 109-127.

（4） Mary Enig, 'The Tragic Legacy of Center for Science in the Public Interest', www.westonaprice.org, 6 January 2003.

（5） Ronald P. Mensink and Martijn B. Katan, 'Effect of Dietary Trans Fatty Acids on High-density and Low-density Lipoprotein Cholesterol Levels in Healthy Subjects', *New England Journal of Medicine*, CCCXXIII（1990）, pp. 439-445.

（6） Walter C. Willett et al., 'Intake of Trans Fatty Acids and Risk of Coronary Heart Disease among Women', *The Lancet*, CCCXLV/8845（1993）, pp. 581-585.

（7） Walter C. Willett and Albert Ascherio, 'Trans Fatty Acids: Are the Effects only Marginal?', *American Journal of Public Health*, LXXXIV（1994）, pp. 722-724.

（8） Roberto A. Ferdman, 'Margarine of Error: The War against Butter is Over. Butter Won', www.qz.com, 20 January 2014.

（9） David Schleifer, 'The Perfect Solution: How Trans Fats became the Healthy Replacement for Saturated Fats', *Technology and Culture*, LIII（2012）, pp. 94-119.

（10） World Cancer Research Fund, 'Scientists "Always Changing their Minds" on Cancer', www.wcrf-org, 25 May 2009.

（11） David Pierson, 'Butter Consumption in U.S. Hits 40-year High', www.latimes.com, 7 January 2014.

（12） National Institutes of Health, Morbidity and *Mortality: 2012 Chart Book on Cardiovascular, Lung, and Blood Diseases*（Bethesda, MD, 2012）.

（13） Ankur Pandya et al., 'More Americans Living Longer with Cardiovascular Disease will Increase Costs while Lowering Quality of Life', *Health Affairs*, XXXII（2013）, pp. 1706-1714.

（14） A. M. Salter, 'Dietary Fatty Acids and Cardiovascular Disease', *Animal*, VII（2013）, pp. 163-171.

（15） Kim Severson and Melanie Warner, 'Fat Substitute is Pushed Out of the Kitchen', www.nytimes.com, 13 February 2005.

（16） Zoe Harcombe, Julien S. Baker and Bruce Davies, 'Food for Thought: Have We Been Giving the Wrong Dietary Advice?', *Food and Nutrition Science*, IV（2013）,

pp. 240-244.
(17) World Health Organization, 'Controlling the Global Obesity Epidemic', www.who.int, accessed 6 August 2014.
(18) A. W. Pennington, 'Treatment of Obesity with Calorically Unrestricted Diets', *Journal of Clinical Nutrition*, I/5 (1953), pp. 343-348.
(19) Robert C. Atkins, *Dr Atkins' New Diet Revolution* (London, 1992), pp. 29, 138-139.
(20) Ibid., p. 25.
(21) USDA National Nutrient Database for Standard Reference, http://ndb.nal.usda.gov, accessed 6 August 2014.
(22) Harcombe, Baker and Davies, 'Food for Thought'.
(23) Lee Hooper et al., 'Dietary Fat Intake and Prevention of Cardiovascular Disease: Systematic Review', *BMJ*, CCCXXII (2001), pp. 757-763.
(24) Lee Hooper et al., 'Reduced or Modified Dietary Fat for Preventing Cardiovascular Disease', *Cochrane Database of Systematic Reviews*, V (2012), CD002137.
(25) Patty W. Siri-Tarino et al., 'Meta-analysis of Prospective Cohort Studies Evaluating the Association of Saturated Fat with Cardiovascular Disease', *American Journal of Clinical Nutrition*, XCI (2010), pp. 535-546.
(26) Rajiv Chowdhury et al., 'Association of Dietary, Circulating, and Supplement Fatty Acids with Coronary Risk', *Annals of Internal Medicine*, CLX (2014) , pp. 398-406.
(27) 'New Evidence Raises Questions about the Link between Fatty Acids and Heart Disease', www.cam.ac.uk, accessed 6 August 2014.
(28) Siri-Tarino et al., 'Meta-analysis of Prospective Cohort Studies'.

第4章　代替品と本物

(1) Felipe Fernández-Armesto, *Food: A History* (London, 2002), p. 227.
(2) Geoffrey P. Miller, 'Public Choice at the Dawn of the Special Interest State: The Story of Butter and Margarine', *California Law Review*, LXXVIII (1989), pp. 83-131.
(3) Gerry Strey, 'The "Oleo Wars": Wisconsin's Fight over the Demon Spread', *Wisconsin Magazine of History*, LXXXV/I (Autumn 2001), pp. 3-15.
(4) G. R. List and M. A. Jackson, 'The Battle Over Hydrogenation (1903-1920)', *Inform*, XVIII/6 (2007), pp. 403-405.

(5) Herbert J. Dutton and John C. Cowan, 'The Flavor Problem of Soybean Oil', in *The Yearbook of Agriculture, 1950–1951: Crops in Peace and War*, ed. Alfred Stefferud (Washington, DC, 1951), pp. 575-578.
(6) Fereidoon Shahidi, ed., *Bailey's Industrial Oil and Fat Products, 6th edn* (Hoboken, NJ, 2005), p. 4.
(7) Emily Waltz, 'Food Firms Test Fry Pioneer's Trans Fat-free Soybean Oil', *Nature Biotechnology*, XXVIII/8 (2010), pp. 769-770.
(8) American Soybean Association, 'Tentative Determination Regarding Partially Hydrogenated Oils', www.soygrowers.com, accessed 1 September 2014.
(9) Ibid.
(10) Marion Nestle, *Food Politics: How the Food Industry Influences Nutrition and Health* (Berkeley, CA, 2002), p. 330.
(11) Helena Gylling et al., 'Plant Sterols and Plant Sterols in the Management of Dyslipidaemia and Prevention of Cardiovascular Disease', *Atherosclerosis*, CCXXXII (2014), pp. 346-360.
(12) Sedef Nehir El and Sebnem Simsek, 'Food Technological Applications for Optimal Nutrition: An Overview of Opportunities for the Food Industry', *Comprehensive Reviews in Food Science and Safety*, XI (2012), pp. 2-12.
(13) Nestle, *Food Politics*, p. 300.
(14) Judy Putnam, Jane Allshouse and Linda Scott Kantor, 'U.S. Per Capita Food Supply Trends: More Calories, Refined Carbohydrates, and Fats', *FoodReview*, XXV/3 (2002), pp. 2-15.
(15) Jane Allshouse, Betsy Frazao and John Turpening, 'Are Americans Turning Away from Lower Fat Salty Snacks?', *FoodReview*, XXV/3 (2002), pp. 38-42.
(16) S. Tuomasjukka, M. Viitanen and H. Kallio, 'Stearic Acid is Well Absorbed from Short- and Long-acyl-chain Triacylglycerol in an Acute Test Meal', *European Journal of Clinical Nutrition*, LXI (2007), pp. 1352-1358.
(17) David E. Newton, *Food Chemistry* (New York, 2007), p. 82.
(18) John Byczkowski and Cliff Peale, 'FDA Lifts Olestra Warnings: Snacks No Longer Need Labels about Side Effects', *Cincinnati Enquirer*, www.enquirer.com, 2 August 2003.
(19) Ibid.
(20) Michael Pollan, *In Defence of Food* (London 2008), p. 1.
(21) Ibid., p. 143.

(22) Pierson, 'Butter Consumption in U.S. Hits 40-year High', www.latimes.com, 7 January 2014.
(23) Shahidi, ed., *Bailey's Industrial Oil and Fat Products,* p. 178.
(24) Sherri Brooks Vinton and Ann Clark Espuelas, *The Real Food Revival* (New York, 2005), p. 122.
(25) See Mount Gnomon Farm, at www.mountgnomonfarm.blogspot.com.au, accessed 6 August 2014.

第5章　大衆文化の中の脂肪

(1) Kenneth Grahame, *The Wind in the Willows* (London, 1959), p. 163.
(2) Wendy R. Katz, 'Some Uses of Food in Children's Literature', *Children's Literature in Education*, XI/4 (1980), pp. 192-199.
(3) Enid Blyton, *Upper Fourth at Malory Towers* (London, 1949), p. 64.
(4) Enid Blyton, *Five Run Away Together* (London, 1944), p. 22.
(5) Susan Honeyman, 'Gastronomic Utopias: The Legacy of Political Hunger in African American Lore', *Children's Literature*, XXXVIII (2010), pp. 44-63.
(6) Toni Morrison, *Beloved* (London, 1987), p. 70.
(7) Laura Heon, 'Janine Antoni's Gnawing Idea', *Gastronomica: The Journal of Food and Culture*, I/2 (2001), pp. 5-8.
(8) Daniel Tércio, 'Martyrium as Performance', *Performance Research*, XV/I (2010), pp. 90-99.
(9) Sherrie A. Inness, *Secret Ingredients: Race, Gender, and Class at the Dinner Table* (New York, 2006), p. 178.
(10) Alasdair Glennie, 'Nigella's Desserts Pack a Paunch', *The Advertiser* (4 October 2012), p. 57.
(11) Chris Hall, 'Jamie Oliver to Nigella Lawson: Who's Been Cooking the Books?', www.dailymail.co.uk, 3 March 2012.
(12) Mike Boone, 'Men Gone Wild - with Food', www.montrealgazette.com, 19 January 2011.

ミシェル・フィリポフ（Michelle Phillipov）
タスマニア大学のジャーナリズム，メディア，コミュニケーションのDECRA（オーストラリア政府の若手研究者支援プログラム）主任研究員兼上級講師。食・健康・音楽とマスメディアとの関係に関する研究を行なう。著書に『デス・メタルと音楽評論：極限における分析 *Death Metal and Music Criticism: Analysis at the Limits*』（2012年）がある。

服部千佳子（はっとり・ちかこ）
同志社大学文学部卒。翻訳家。訳書に『世界基準のリーダー養成講座』（朝日新聞出版），『図説世界を変えた50の宗教』（原書房），『奇跡が起こる遊園地』（ダイヤモンド社），『孤独の愉しみ方』（イースト・プレス），『ウィキッド』（ソフトバンククリエイティブ）など。

「食《しょく》」の図書館《としょかん》

脂肪《しぼう》の歴史《れきし》

●

2016年10月27日　第1刷

著者……………ミシェル・フィリポフ
訳者……………服部千佳子《はっとりちかこ》
装幀……………佐々木正見
発行者……………成瀬雅人
発行所……………株式会社原書房

〒160-0022 東京都新宿区新宿1-25-13
電話・代表03(3354)0685
振替・00150-6-151594
http://www.harashobo.co.jp

印刷……………新灯印刷株式会社
製本……………東京美術紙工協業組合

ISBN 978-4-562-05328-5, Printed in Japan

ウイスキーの歴史《「食」の図書館》

ケビン・R・コザー／神長倉伸義訳

ウイスキーは酒であると同時に、政治であり、経済であり、文化である。起源や造り方をはじめ、厳しい取り締まりや戦争などの危機を何度もはねとばし、誇り高い文化にまでなった奇跡の飲み物の歴史を描く。２０００円

豚肉の歴史《「食」の図書館》

キャサリン・M・ロジャーズ／伊藤綺訳

古代ローマ人も愛した、安くておいしい「肉の優等生」豚肉。豚肉と人間の豊かな歴史を、偏見／タブー、労働者などの視点も交えながら描く。世界の豚肉料理、ハム他の加工品、現代の豚肉産業なども詳述。２０００円

サンドイッチの歴史《「食」の図書館》

ビー・ウィルソン／月谷真紀訳

簡単なのに奥が深い…サンドイッチの驚きの歴史！「サンドイッチ伯爵が発明」説を検証する、鉄道・ピクニックとの深い関係、サンドイッチ高層建築化問題、日本の総菜パン文化ほか、楽しいエピソード満載。２０００円

ピザの歴史《「食」の図書館》

キャロル・ヘルストスキー／田口未和訳

イタリア移民とアメリカへ渡って以降、各地の食文化に合わせて世界中に広まったピザ。本物のピザとはなに？世界中で愛されるようになった理由は？　シンプルに見えて実は複雑なピザの魅力を歴史から探る。２０００円

パイナップルの歴史《「食」の図書館》

カオリ・オコナー／大久保庸子訳

コロンブスが持ち帰り、珍しさと栽培の難しさから「王の果実」とも言われたパイナップル。超高級品、安価な缶詰、トロピカルな飲み物など、イメージを次々に変えて世界中を魅了してきた果物の驚きの歴史。２０００円

（価格は税別）

オリーブの歴史　《「食」の図書館》
ファブリーツィア・ランツァ著　伊藤綺訳

文明の曙の時代から栽培され、多くの伝説・宗教で重要な役割を担ってきたオリーブ。神話や文化との深い関係、栽培・搾油・保存の歴史、新大陸への伝播等を概観、また地中海式ダイエットについてもふれる。　２２００円

ソースの歴史　《「食」の図書館》
メアリアン・テブン著　伊藤はるみ訳

高級フランス料理からエスニック料理、B級ソースまで…世界中のソースを大研究！　実は難しいソースの定義、進化と伝播の歴史、各国ソースのお国柄、「うま味」の秘密など、ソースの歴史を楽しくたどる。　２２００円

水の歴史　《「食」の図書館》
イアン・ミラー著　甲斐理恵子訳

安全な飲み水の歴史は実は短い。いや、飲めない地域は今も多い。不純物を除去、配管・運搬し、酒や炭酸水として飲み、高級商品にもする…古代から最新事情まで、水の驚きの歴史を描く。　２２００円

オレンジの歴史　《「食」の図書館》
クラリッサ・ハイマン著　大間知知子訳

甘くてジューシー、ちょっぴり苦いオレンジは、エキゾチックな富の象徴、芸術家の霊感の源だった。原産地中国から世界中に伝播した歴史と、さまざまな文化や食生活に残した足跡をたどる。　２２００円

ナッツの歴史　《「食」の図書館》
ケン・アルバーラ著　田口未和訳

クルミ、アーモンド、ピスタチオ…独特の存在感を放つナッツは、ヘルシーな自然食品として再び注目を集めている。世界の食文化にナッツはどのように取り入れられていったのか。多彩なレシピも紹介。　２２００円

（価格は税別）